940
NEW HOLLAND

Verlag Podszun-Motorbücher GmbH
Elisabethstraße 23-25, D-59929 Brilon
Internet: www.podszun-verlag.de
Email: info@podszun-verlag.de

Herstellung Druckhaus Cramer, Greven

ISBN 978-3-86133-604-4

Jahrbuch 2012 Traktoren

PODSZUN

Liebe Leserin, lieber Leser!

Zum 17. Mal erscheint das Jahrbuch Traktoren. Wir freuen uns, Ihnen wieder interessante Themen rund um Ihr Hobby anbieten zu können. Dank gilt an dieser Stelle allen Autoren und Bildgebern, die in den letzten Wochen und Monaten mit Engagement und einer Menge Zeitaufwand gearbeitet haben, damit dieses Jahrbuch rechtzeitig zur Frankfurter Buchmesse erscheinen kann. Übrigens: Abbildungen, die nicht namentlich gekennzeichnet sind, wurden jeweils von den Verfassern der Artikel zur Verfügung gestellt.

Dank gilt auch Ihnen, liebe Leserin, lieber Leser, für die Zuschriften oder Telefonate, in denen Sie Kritik äußerten und Anregungen lieferten. Wir freuen uns auf den Kontakt mit Ihnen und sind gerne bereit, Ihre Anregungen zu berücksichtigen.

Wir wünschen Ihnen nun viel Vergnügen bei der Lektüre und beim Betrachten der Bilder. Das nächste Jahrbuch Traktoren, die Ausgabe 2013, ist ab Oktober 2012 erhältlich.

Ihr Redaktionsteam „Jahrbuch Traktoren“

P.S.

Sie können das Jahrbuch in Buchhandlungen oder direkt beim Verlag abonnieren. Von den Ausgaben 2002, 2004, 2005, 2006, 2008, 2009, 2010 und 2011 sind noch Restexemplare lieferbar. Fordern Sie kostenlos und völlig unverbindlich unser Gesamtverzeichnis an mit Büchern über Traktoren, Forstmaschinen, Baumaschinen, Lastwagen, Schwertransporte, Autos, Motorräder, Lokomotiven und Feuerwehrfahrzeuge:

Verlag Podszun-Motorbücher GmbH, Elisabethstraße 23-25, D-59929 Brilon
Telefon 02961/53213, Fax 02961/2508, Email: info@podszun-verlag.de
Internet: www.podszun-verlag.de

MF Tandemschlepper made in Schleswig-Holstein

von Sieghart Lange-Rohwer

Nach dem Krieg wusste in Westdeutschland kein Schlepperhersteller, wie es weitergehen sollte. Bis zum Zweiten Weltkrieg wirtschafteten die meisten Schlepperkunden im nun abgetrennten Osten Deutschlands und die Landmaschinenindustrie saß überwiegend im Westen. Die Kundschaft war weg, die Konkurrenz geblieben. Spöttisch, aber zutreffend, hatte ein Landwirtschaftsprofessor die Kleinbetriebsstruktur der westdeutschen Landwirtschaft „Schrebergartenlandwirtschaft“ genannt. Wie viele Schlepper wurden in Zukunft benötigt und brauchte man für deren Produktion so viele Hersteller? Welche Schleppergröße sollte man in Zukunft anbieten? Keiner hatte eine Antwort, doch alle versuchten, irgendwie im Geschäft zu bleiben.

1948, zur ersten DLG-Ausstellung nach dem Krieg, stellten die Firma Hanomag ihren R 25, Boehringer den 25 PS Unimog und MAN den AS 325 vor. In allen Maschinen arbeiteten Vierzylinder Motoren. Man meinte, eine Schlepperleistung so um die 25 PS aus vier Zylindern sei in Westdeutschland in der Zukunft die hauptsächlich nachgefragte Schleppergröße. Selbst die Firma Lanz, die vor dem Krieg noch eine 16-PS-Maschine vorgestellt hatte, lieferte nun, danach, einen Bulldog mit 20 PS als kleinste Schleppergröße. Die Verkaufsjahre 1948 bis 1950 gaben den Zukunftsplänen der Firmen Recht. Die Hauptumsätze lagen bei den 20- bis 30-PS-Maschinen. Nur Deutz fiel aus dem Rahmen. Deutz warf bis 1950 den kleinen, wassergekühlten Bauerndeutz mit 11 PS fast 10.000 Mal auf den Markt. Andere Kleinschlepper, besonders die aus dem süddeutschen Raum, wie Fendt, Eicher, Fahr oder Hela spielten in den allerersten Nachkriegsjahren nur eine untergeordnete Rolle. Ab 1950 aber lief die Kleinschlepperwelle richtig an.

Der normale MF 65, wie er zu Tausenden in Deutschland lief

Lanz, Hanomag und Co. hatten mit „Zitronen“ gehandelt und mussten mit Kleinmaschinen nachziehen. Einfach, klein und billig war gefragt – ohne Kraftheber, dafür aber mit Mähwerk und Flachriemenscheibe. Die Bauern sägten die Pferdedeichseln ihrer Landmaschinen ab und spannten die neuen Schlepper davor. Die kleinen Dreckkratzer zogen so viel wie ein Pferdegespann, arbeiteten aber doppelt so schnell. Die Bauern waren damit erst einmal zufrieden.

Doch neben all den Kleinbetrieben gab es in Westdeutschland Großbetriebe, immerhin so an die 20.000 Stück, je nachdem, wo man die Messlatte anlegt. Nun, für eine so geringe Kundenzahl strengte sich noch keine Firma richtig an. Die Auftragsbücher waren voll mit Kleinschlepperbestellungen. Wer einen Schlepper mit 40 oder 50 PS benötigte, an größeres dachte sowieso niemand, der hatte aus deutscher Herstellung bis weit in die fünfziger Jahre hinein nur die alten Vorkriegsbauarten zur Auswahl. Das störte jedoch niemanden, die Maschinen reichten den Gutsbesitzern noch, wirtschafteten sie doch weiter wie vor dem Krieg, nämlich mit Schleppern fürs Grobe bei der Bodenbearbeitung und den Rest des Jahres mit Pferden und viel Personal. Mancher Gutsbesitzer bevorzugte sogar Raupenschlepper.

Doch die Zeit blieb nicht stehen, die Löhne stiegen und die Landmaschinenindustrie bot zunehmend Mähdrescher, Feldhäcksler und Ballenpressen, die Personal einsparten. Diese Maschinen waren nur schlecht mit den Bullerjahns von Lanz oder den schwerfälligen Hanomags zu betreiben. Großbetriebe verlangten Ende der fünfziger Jahre nach mehr Leistung und Komfort für die Schlepper. Mindestens unabhängige Motorzapfwellen waren gefragt. Inzwischen hatten die Bauern ihre alten Landmaschinen für Pferdezug verschlissen. Die Landflucht hatte eingesetzt. Keiner wollte mehr beim Bauern arbeiten, in der Industrie wurde besser bezahlt. Als Ausweg blieb nur der Maschineneinsatz und deshalb benötigten die Bauern ebenfalls größere Kraftquellen für ihre Höfe. Die Nachfrage erwischte die Schlepperhersteller auf falschem Fuß. Sie hatte sich ganz auf die kleinen Schlepper eingestellt. Meistens 7 bis 10 PS aus einem Zylinder und entsprechend 40 PS aus Vieren. Damit war in der Regel das Ende der Fahnenstange erreicht. Nur vier Hersteller hatten 1957 einen 60-PS-Schlep-

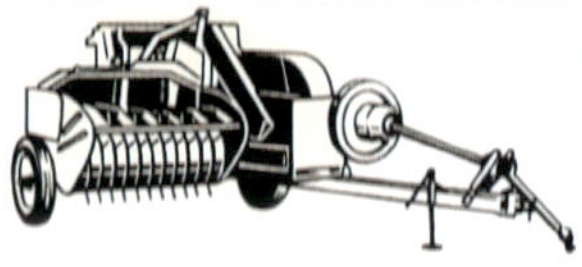

Hochdruckballenpresse 10-7
Breite der Aufnahmefläche 1,57 m, 2fach bindend

Luftgesteuerte „Werner“-Doppeltrommelseilwinde
Typ 610 (2 x 2,5 t)
mit elektrischer Fernbedienung, austauschbarer Tragbergstütze

MF-Schlegelfeldhäcksler 760
seitlich versetzt, Schnittbreite 1,47 m, Messerzahl: 28 Stück

Rotawatorfräse
Arbeitsbreite 100 cm, rechts seitlich versetzt, EMO 40 Tiefenregulierung über Hydraulik, Positionseinstellung und Stützrad

Kartoffelvollernter 711
mit Hangsteuerung durch Schlepperhydraulik

Heckplaniergerät 721
Sonderausrüstung: Stützrolle, Verbreiterung mit Verstärkungsschiene, Auflockerungszinken

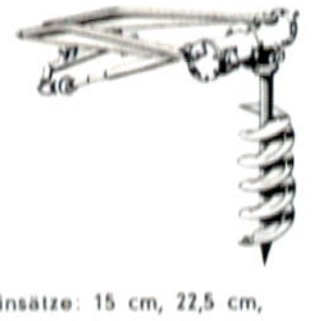

Erdbohrer 722
mit Zapfwellenantrieb, Bohreinsätze: 15 cm, 22,5 cm, 30 cm, 45 cm

Weitere Geräte im Ferguson-System:

- Scheibenegge 765, seitlich versetzbar
- Fünffurchenbeetpflug 793
- Heckerdschaufel 706
- Hecktransportpritsche 701
- Rückezange
- Spezialgrubber für Forst (5 Zinken)
- S & R Heckseilwinde (6000 kg)
- Halbraupe

Belieferung von Großbetrieben verlegte, wollten einige der Großgrundbesitzer nicht länger auf PS-Monster warten. Ein Schlepperfahrer musste sich beim Pflügen mit einem großen Pflug nicht mehr anstrengen als beim Pflügen mit einem kleinen. Beim Lohnkonto spielte die Mehrleistung inzwischen eine große Rolle.

Not macht erfinderisch und die Engländer hatten es schon vorgemacht. Der schwere Lehmboden seines Betriebes ließ einen Landwirt aus der Grafschaft Essex in England 1955 darauf kommen, dass, wenn schon für einen großen Pflug kein genügend großer Schlepper zu kaufen war, ein zweiter Schlepper vor dem gleichen Pflug sehr hilfreich sein könnte. Er baute sich ein Tandem. Schlepperumbauten waren in England nichts Außergewöhnliches, denn die englische Schlepperindustrie war anders als die in Deutschland aufgestellt. Nur wenige Hersteller wie Fordson, Ferguson, David Brown und Nuffield belieferten den englischen und in großem Umfang den Exportmarkt. Die bei uns übliche übergroße Typenvielfalt war unbekannt. Wer beispielsweise einen Schlepper mit Allradantrieb wollte, ging bei den englischen Schlepperherstellern in den fünfziger Jahren

Die Regelhydraulik machte die Ferguson Schlepper überlegen

MF Tandem mit Fünf-Körper-Rabepflug, made für Schleswig-Holstein

Wenn 116 PS arbeiten, kann es schon einmal stauben

Für Beifahrer kann es bei dieser Bauart recht einsam sein

Trotz der Größe - auf diesem Feld wird die Maschine tagelang zu tun gehabt haben

leer aus. Die kümmerten sich nicht um Kleinkram und Sonderwünsche. Wer Besonderes wollte, musste sich an Firmen wie County, Roadless, Matbro oder Doe wenden. Diese Firmen hatten sich auf den Sondermaschinenbau spezialisiert. Es waren keine schmuddeligen Hinterhofbuden, in denen ein paar verrückte Einzelkämpfer mit dem Schweißbrenner konstruierten, sondern es handelte sich um leistungsstarke Familienbetriebe. Beispielsweise arbeiteten bei der Firma Doe etwa 400 Leute. Die Firmen kauften preiswerte Großserienschlepper bei Fordson oder Massey Ferguson und bauten sie zu Allradschleppern oder zu Voll- oder Halbraupen um. Man baute Schmalspurschlepper oder, mit Hilfe von Baggern und Ladern, Baumaschinen. Am spektakulärsten ging die Firma Doe vor. Sie hatte die Konstruktion des Farmers aus Essex, wie oben geschildert, aufgegriffen, durchkonstruiert und bot die Maschine als Doe Dual Drive, kurz „Triple D" (Dreifach D) an. Man kuppelte zwei Fordson Major ohne Vorderachsen voreinander und fuhr beide Schlepper synchron vom hinteren Schlepper aus. Die Firma Doe lieferte so mit einfachen Mitteln Großschlepper mit über 100 PS Leistung. In England entschied man sich für diese Umbauten im oberen Leistungsbereich gern für den preiswerten Fordson Schlepper. Ford baute schon 1952 einen Dieselmotor mit 40 PS in die Maschine und erhöhte die Leistung 1957dann auf 52 PS. Ferguson lieferte bis in diese Zeit Schlepper mit geringerer Leistung, anfangs mit 27 PS und später mit 35 PS. Erst

Im Hintergrund der U 900 von Kramer

1957 überkreuzten sich die Entwicklungen – Fordson lieferte den kleineren Dexta mit 35 PS und Massey Ferguson den MF 65 mit 48 PS. In Deutschland leistete der Motor im MF 65 in der Anfangszeit jedoch 4 PS weniger. Die Begrenzung der zulässigen Höchstgeschwindigkeit auf 20 km/h machte es nötig. Der Motor musste auf 1720 Umdrehungen gedrosselt werden. Die Leistung des MF 65 wurde bis 1964, das letzte Jahr seiner Bauzeit, in mehreren Sprüngen auf 58 PS hochgezogen. Inzwischen lief ein moderner Motor mit Direkteinspritzung im Schlepper.

Der Marktanteil der Ferguson- und Massey-Ferguson-Schlepper hatte sich in den fünfziger Jahren in Deutschland beständig erhöht. Hatte der Marktanteil von Ferguson 1953 noch bei 0,8 % und 450 verkauften Schleppern gelegen, war Mitte der sechziger Jahre der Marktanteil auf über 7 % gestiegen. Damit lag MF auf Platz 5 in der Rangliste. Den Hauptumsatz mach-

Kramer U 900 mit Kraftheber und Dreipunktgestänge – ausgerüstet als Cabrio wie bei der Vorführung

Links: **Interessante Vorführungen waren immer gut besucht und ein Tandem sah man nicht alle Tage** Rechts: **Ein weiteres MF Tandem – hier mit Anbaupflug**

Links: **Mit dem Pflug in der Regelhydraulik wird der Schlupf noch geringer** Rechts: **Ein MF 165 als Tandem aus dem Kreis Plön nach der Arbeit auf dem Waschplatz**

Der Doe Dual Drive genannt Triple D – das Vorbild für den MF Umbau

te die Firma in Norddeutschland. Der MF 65 war besonders bei Großbetrieben eine beliebte Maschine. Was lag also näher als zu sagen, „was Doe in England mit dem Fordson kann, sollte in Schleswig-Holstein mit dem beliebteren MF 65 möglich sein – bauen wir daraus Tandem Schlepper".

In Ostholstein, der sogenannten Holsteinischen Schweiz, wirtschaften einige Betriebe mit weit mehr als 1000 ha Ackerfläche. Die Felder hatten genügend Platz zum Wenden. Die Frage, welche Reifen übertragen die für die damalige Zeit riesige Motorleistung, beantwortete sich von allein. Pro Zugachse fielen lediglich problemlose 58 PS an. Der mit dieser Bauweise verwirklichte vollwertige Allradantrieb war nicht schlecht, denn Ostholstein heißt nicht umsonst „Holsteinische Schweiz". Die Berge sind nicht hoch, dafür aber steil. 116 PS im Tandem sollten fürs erste reichen.

Viele Informationen sind über die Entwicklung des Tandem nicht überliefert. Insgesamt sollen fünf Maschinen auf der Basis des MF 65 gebaut worden sein. Nebenbei, Doe in England soll über 700 Stück des Doppelmajor geliefert haben. Die Bauweise kann damit keine Schnapsidee von einzelnen Spinnern gewesen sein – das System muss funktioniert haben.

Ob ein Gutsbesitzer die Idee hatte, für sich ein Tandem bauen zu lassen und dafür einen Hersteller suchte, oder ob die Firma W. Lehmann aus Hamburg – Garstedt, Rugenberg 10, mit der Idee an Gutsbesitzer herantrat, ich kann's nicht sagen. Eines ist aber sicher: Bevor mit dem Bau begonnen wurde, hatten sich Kunde und Hersteller geeinigt. Anders wäre das Risiko für den Hersteller nicht kalkulierbar gewesen. Für den MF 65 gab es auf Wunsch eine hydraulische Lenkhilfe. Dieses Bauteil erleichterte die Umrüstung auf die Tandem Bauart ungemein. Sie kennen den TÜV, besser gesagt, Sie kennen den TÜV heute. Er ist bei der Abnahme von Kraftfahrzeugen sehr genau – und das soll er auch. Aber kennen Sie den TÜV aus der Zeit vor 50 Jahren? Beschreiben wir die damaligen Sachverständigen mal so: Hätte der liebe Gott bei der Erschaffung der Menschen dem Adam schon ein Auto spendiert, um damit der Eva imponieren zu können, so wäre Gott mit der Erschaffung der Welt nicht in einer Woche fertig geworden – er hätte das Auto wieder und wieder beim TÜV vorführen müssen. In der Zeit als die Tandemschlepper gebaut wurden, hatte die Meinung eines Sachverständigen den Stellenwert eines Naturgesetzes. Was der TÜV nicht wollte, kam nicht auf die Straße – aus, Ende und keine

Ein Fordson Tandem – schwierig zu lenken, die Führung durch die Furche fehlt

Diskussion. Da der Umbau stark von der Lenkbarkeit des Fahrzeugs abhing, war es gut, dass man auf eine getypte, hydraulische Lenkhilfe zurückgreifen konnte. Der Fahrer saß auf dem hinteren Schlepper und bediente von dort aus auch die vordere Maschine. Dem Vernehmen nach sollen die Schalthebel elektrisch mit Hilfe der 12 Volt Bordspannung bedient worden sein. Die englischen Umbauten sollen mit Bowdenzügen verwirklicht worden sein. Für den Umbau berechnete die Firma Lehmann 5000,- Mark.

Das Tandem war zwar lang, aber es lenkte sich gut

Dazu kamen zwei Ferguson 65 zu je 18 100,- Mark, das machte insgesamt stolze 41 340,- DM für das Tandem. Der Umbau lief offensichtlich mit der Unterstützung der deutschen MF - Werksniederlassung. Als Lehmann (wahrscheinlich) das erste Tandem fertigestellt hatte, ließ es sich die Landwirtschaftskammer Schleswig-Holstein nicht entgehen, diese Maschine zusammen mit anderen Großschleppern in einer öffentlichen Vorführung der Allgemeinheit vorzustellen. Wie auf den Bildern ersichtlich, stieß die Präsentation auf großes Publikumsinteresse. So ein Spektakel ließ man sich nicht entgehen.

Mit von der Partie war die Firma Kramer. Kramer führte den U 900 vor, eine Allradmaschine mit 90 PS aus einem Deutz-Motor. Eigentlich war der U 900, ähnlich wie der Unimog, eine Zugmaschine für die gewerbliche Wirtschaft, nur eben schwerer und kräftiger als dieser. Mit dem U 900 versuchte Kramer aber, wie schon mit den Vorgängermodellen, sich in der Landwirtschaft eine Nische zu erschließen. 1964 kam die Maschine auf den Markt. Es war der erste Frontlenker von Kramer und wurde bis 1965 gebaut. Der MF 65 lief bis 1964 vom Band. 1965 wurde der MF 165 mit neuem Outfit sein Nachfolger. Die Kammervorführung muss also 1964 stattgefunden haben, denn nur in diesem Jahr konnten beide Maschinen aufeinandertreffen. Nach 1964 muss mindestens noch ein Umbau mit dem MF 65 - Nachfolger, dem MF 165, durchgezogen worden sein. Vom MF 165 Tandem gibt es leider nur ein Bild, auf dem die Maschine auf einem engen Waschplatz steht.

Was nutzt der schönste Plan, mit einfachen Mitteln einen Großschlepper auf die vier Hinterräder zu stellen, wenn für die Maschine keine Geräte vorhanden sind. Die Pflugfirma Rabewerk Heinrich Clausing aus Linne baute für die Schlepper mindestens zwei verschiedene Pflugarten mit jeweils fünf Pflugkörpern. Einmal als Aufsattelpflug mit hinterem Stützrad und im anderen Fall als normalen Anbaupflug für die Regelhydraulik des MF Schleppers. Gebaut wurden die Pflüge als Beetpflüge. Diese Bauart war damals in Norddeutschland fast ausschließlich üblich. Winkeldrehpflüge, im Süden weit verbreitet, blieben im Norden weitgehend unbekannt und erst Jahre später begann der Volldrehpflug den Beetpflug abzulösen. In normalen MF-Prospekten ist der MF 65 mit Pflügen abgebildet, die mit drei oder vier Körpern ausgerüstet sind. Die Rabe-Pflüge für die Tandem Schlepper arbeiten mit fünf Körpern. Nach den MF-Prospekten arbeiteten die MF-Pflüge mit Schnittbreiten

Dieser Doe 130 lief in Holstein – er wurde aus England importiert

Ein Eigenbau – Hermann Bolzen aus der Nähe von Itzehoe hat sich diese Maschine gebaut

von 30 cm oder 40 cm pro Körper. 40 cm aber nur, so der einschränkende Hinweis, auf leichteren Böden. Diese leichten Böden gibt es in der Holsteinischen Schweiz ebenfalls – es gibt aber auch Ecken mit steifstem Lehm. Die abgebildeten Rabe-Pflüge schneiden bestimmt 40 cm. Pflug, Boden und Gelände werden die 116 PS der beiden MF Motoren bestimmt zum satten Brummen gebracht haben.

Wenn man sich mit so einem außergewöhnlichen Thema beschäftigt und sich umhört, so erzählen Bekannte dann dies und das. Demnach soll ein Restaurierer zur Zeit ein Tandem bauen – wir werden sehen. Die Oldtimer Zeitschriften werden sich darum reißen, darüber berichten zu können.

Blieben die Umbauten mit MF Schleppern die einzigen in Deutschland? Oder zeigten auch andere Firmen Interesse an dieser Bauart? Die Firma KHD aus Köln Deutz hat von ihrem D 5505 mindestens ein Tandem als Versuchsschlepper gebaut. Das muss nach der Aktion in Norddeutschland gewesen sein, denn die 05-Serie kam 1965 auf den Markt. Vom Lanz Bulldog hat es ebenfalls eine Art Tandem gegeben. An einen normalen Bulldog mit Vorderachse hatte man hinten einen zweiten Bulldog zum Nachschieben angebaut, und vom Schiebe-Bulldog hatte man die Vorderachse entfernt. Einen Zweizylinder von Lanz, den hat auch nicht jeder.

Ein durchaus imposantes Fahrzeug

Ein toller Blick über die Motorhauben

Das Triple D als Modell, falls der Platz für das Original fehlt

Doe 130 als Modell – weitere Infos im Internet unter „Land Kollektion“ bei der Firma „Model Car World“

Rainer Blöcher, das Portrait eines Eicher Liebhabers

Deutz 4006 von Wieds 1977

von Oliver Aust

Sein ganzes bisheriges Leben lang hat Rainer Blöcher aus Kreuztal im Kreis Siegen-Wittgenstein mit Traktoren zu tun gehabt, hauptsächlich mit Maschinen der Marke Eicher. Der Werdegang des Schlepperliebhabers wird hier von den Anfängen als Bub, wo erste Fahrten mit Traktoren absolviert wurden, bis hin zum Eicher-Sammler dargestellt.

Angefangen hat die Liebe zu alten Traktoren und der Landwirtschaft im Jahr 1972. Da zog der damals elfjährige Rainer Blöcher mit Familie in einen anderen Ortsteil, nach Ferndorf, um. Hier befand sich neben seinem Wohnhaus ein kleiner landwirtschaftlicher Hof. Die Flächen dieses Hofes wurden von einer verwitweten Frau mit einem kleinen Holder Traktor B 12 bearbeitet. Rainer lief regelmäßig hinüber, und durfte dort Traktor zu fahren. Zur Heuernte war er dann mit einem klapprigen Gabelwender unterwegs, der heute sicherlich auf Traktorentreffen eine Attraktion darstellen würde. Den Eltern missfiel das Hobby ihres Sohnes, weil das zu Lasten seiner schulischen Leistungen ging – aber das war dem Jungen damals egal.

Für manche Arbeiten auf dem Hof wurde ab und zu ein größerer Traktor mit entsprechenden Maschinen benötigt. Ein befreundeter Landwirt kam dann mit seinem Sohn, der ungefähr im Alter von Rainer war, mit größeren Schleppern zur Hilfe. Anfangs besaß dieser Landwirt einen Deutz 4006 mit 35 PS und einen Eicher Leopard mit 15 PS. Andreas, der Sohn

Rainer Blöcher auf dem Holder B12 der Witwe Klamt im Jahre 1973

des Bauern, wurde schnell zu einem guten Freund für Rainer. Die Landwirtschaft, die Andreas und sein Vater im Nebenerwerb betrieben, wuchs rasch an. Über Andreas lernte Rainer zwischenzeitlich Herrn Scharf, einen großen Landwirt im Ort kennen.

Die siebziger Jahre waren für Rainer eine herrliche Zeit. Als die Witwe von nebenan ihren Hof aufgab, übernahm der Vater von Andreas diesen und die beiden Freunde konnten nun mit viel Spaß die landwirtschaftlichen Arbeiten auf dem Hof erledigen. Der Eicher Leopard wurde schnell zu klein und wich einem Eicher Tiger mit 28 PS Leistung. Später kam ein großer Deutz mit Allradantrieb hinzu. Rainer pflegte aber auch den Kontakt zum größten Bauern des Ortes. Dort waren ein Güldner G 45 Allrad, ein Ford Allradtraktor, ein Lanz Alldog mit TWN-Motor, ein Lanz Alldog mit Henschel Motor und ein John Deere 430 Mähdrescher im Einsatz.

Es war die schönste Zeit im Leben des Jugendlichen. So oft wie möglich fuhr er den Tiger und den Deutz. Es wurde gepflügt und geheut und gehäckselt. Mit Andreas fuhr er oft mit den Mopeds herum, sie hörten Musik, besonders Mike Krüger, und kannten alle Texte auswendig. Doch langsam zogen für Rainer dunkle Wolken auf. Nach dem Ende seiner Schulzeit begann er eine Lehre bei der Polizei und war nun die Woche über nicht mehr Zuhause. An den Wochenenden war auch kaum Zeit für die Landwirtschaft. Im April 1987 veränderte sich für den bis dahin unbeschwerten jungen Mann alles. Die Landjugend veranstaltete ein großes Osterfeuer auf einer hochgelegenen Weidenfläche. Bei diesem Osterfeuer kam der Freund von Rainer durch einen umstürzenden Osterfeuerbaum ums Leben.

Nun alleine, führte der Vater von Andreas mit Hilfe eines Bekannten die Landwirtschaft in kleinerem Rahmen weiter. Als der Vater von Andreas einige Jahre später auch starb, wurde die Landwirtschaft aufgegeben. Sämtliche Maschinen wurden in alle Himmelsrichtungen verkauft.

Das Thema Landwirtschaft hatte sich damit für Rainer vorerst erledigt. Er widmete sich ganz seinem Beruf als Polizeibeamter und seine Hobbies bestanden aus einem denkmalgeschützten Fachwerkhaus und dem Aufbau eines VW Käfers und eines Buggies. Mit dem Buggy, bei dem er im Fahrzeugbrief sogar als Hersteller eingetragen ist, bereiste Rainer in den achtziger Jahren ganz Europa. Von Deutschland über

Holder B12c von 1963 mit einer Leistung von 12 PS. Rainers erster eigener Schlepper mit Einachsanhänger und seinen Töchtern Stefanie und Jennifer 1998

Rainers Freundin Karin auf dem Tiger in der Heuernte 2008

Griechenland bis hin nach Schottland. Weil er inzwischen sämtliche Führerscheine besaß, fuhr er an freien Tagen gelegentlich Lkw und Reisebusse im Fernverkehr. Langeweile kam für Rainer nie auf.

Im Jahr 1996 sah er während einer Motorradstreifenfahrt auf einer Wiese einen kleinen Holder B12 arbeiten, genau so ein Typ, wie ihn 1972 die Nachbarswitwe besaß. Er fuhr näher heran und hörte das zweitakttypische Motorengeräusch. Der Traktorvirus war wieder ausgebrochen.

Einer der damaligen Traktoren musste her, egal wie. Rainer hatte großes Glück und konnte nach längeren Verhandlungen schließlich den Holder kaufen. Er überführte das Fahrzeug per Achse nach Hause und war im Geiste wieder 12 Jahre alt. Mit seinem ersten eigenen Schlepper und einem Einachshänger fuhr er Baustoffe für seine neu zu errichtende Garage und besuchte sein erstes Schleppertreffen.

Aber wie das so ist, reichte Rainer dieser Schlepper allein nicht aus und es entstand der Wunsch, alle Traktoren anzuschaffen, die er damals gefahren hatte. Das waren der Eicher Leopard, der Tiger und der Deutz 4006.

Ein Jahr später war es endlich soweit und Rainer hatte das Glück, genau den Eicher ausfindig zu machen, mit dem er in seiner Jugendzeit unterwegs war. Ebenfalls nach langen Verhandlungen konnte er ihn im Oktober 1998 erwerben. Die Heimfahrt wurde zu einer faszinierenden Reise in die Vergangenheit. Im Geiste sah er, wie der Vater von Andreas mit schwarzer Cordhose, blauer Jacke und olivfarbener Kappe auf dem Tiger sitzend durch den Ort zum Stall fuhr. Dieser Traktor gehörte nun ihm und holte ihm seine Jugendzeit zurück.

Leider war die Maschine sehr verschlissen und er musste den Tiger komplett restaurieren. Das war kostspielig und mit viel Arbeit verbunden. Zwei Jahre nahm er sich Zeit, um den Schlepper wieder in seinen Originalzustand zu versetzen. Dann kam die Teilnahme an einigen Eichertreffen in Bayern. Besonders beeindruckend war für Rainer die Veranstaltung 1999 auf dem alten Werksgelände in Forstern, dem Südwerk. Hier durfte er noch Frau Anneliese Eicher und den genialen Konstrukteur Jean Logothetopoulos kennen lernen. Er hörte dessen Rede in einem zur Festhalle umfunktionierten alten Lagerraum, in dem er die Eichergeschichte wieder aufleben ließ und einiges dazu erläuterte. Beide wichtige Persönlichkeiten der Eicher-Geschichte sind inzwischen verstorben. Kurz bevor das Südwerk abgerissen wurde, hatte Rainer mit einem Lkw in der Nähe eine Ladestelle. Er fuhr zum alten Eicherwerk und schraubte dort Türbeschläge ab. Diese sollen in der Zukunft mal an seinen Toren angebracht werden. Wenn diese Beschläge Geschichten erzählen könnten ...

All diese Erlebnisse und die Vielzahl von Eicher Treffen ließen das Verlangen nach weiteren Maschinen immer größer werden. So konnte Rainer im Februar 2002 durch Zufall einen alten 19 PS-Einzylinder Eicher ED 16/II kaufen und nach Hause holen. Der Eicher bekam einen neuen Kolben und neue Zylinder, die Bremsen wurden gewartet und die Holzreifen erneuert. Auf Eicher Treffen steht er seitdem regelmäßig und lockt zahlreiche Eicher Freunde an.

2003 kaufte Rainer im Juli 2003 einen Anhänger voll schmieriger und verrosteter Einzelteile. Zusammengebaut sollte das ein Eicher Leopard werden. Der Zusammenbau des Schleppers war das reinste Puzzlespiel und wieder wurde eine Menge Geld in einen Traktor investiert. Dem Leopard wurde durch Rainer wieder Leben eingehaucht, nur das originale Gitter in der Motorhaube fehlte. Er ersetzte dieses erst einmal provisorisch durch ein Stück Streckmetall. Inzwischen ist das Gitter wieder erhältlich und es wird den Leopard wieder in den Originalzustand bringen.

Den Deutz 4006 von damals konnte Rainer nicht mehr retten, weil dieser inzwischen zerlegt war und die Einzelteile bei einem Landmaschinenhändler verkauft wurden. Durch den langhubigen 19 PS Einzylindertraktor inspiriert entstand der Wunsch, so eine Maschine auch als Zweizylinder zu besitzen.

Inzwischen hatte Rainer angefangen, im Wald Brennholz für den Eigenbedarf zu schlagen. Hierfür konnte er den Zweizylinder als Unterstützung für den Tiger gut gebrauchen. Doch die Suche nach einem solchen Schlepper gestaltete sich recht schwierig. Entweder gab es keine oder sie waren viel zu teuer. So schwand bei dem Eicher Fan die Hoffnung, noch eine Maschine zu finden, die seinen Vorstellungen entsprach. Im Oktober 2005 meldete sich ein Bekannter Rainers, der als Monteur viel unterwegs war. Er hatte auf dem Gelände eines Landmaschinenhändlers im Westerwald einen Eicher Traktor gesehen, völlig verrostet und heruntergekommen. Rainers Interesse war geweckt und er fuhr hin. Seine Gefühle beim Anblick des alten Stahlhaufens wechselten dann aber zwischen Begeisterung und Entsetzen. Begeisterung, weil es sich um genau den gesuchten Eicher ED 26 handelte und Entsetzen, weil die Maschine tatsächlich völlig heruntergekommen war. Alles rostig und verbeult, die Reifen platt und nichts ging mehr. Die Elektrik bestand aus zusammengeknoteten Stücken einer Wäscheleine. Für Rainer kam die Qual der Wahl: Kaufen oder flüchten und den Traum begraben?

Das Eicher Leopard Puzzle

Im Bewusstsein, total verrückt zu sein, kaufte er den Schlepper und brachte ihn mit einem Lkw nach Hause. Es begann eine ausgiebige Restauration mit vielen Höhen und Tiefen. Beim Ablassen der Getriebeöle kam hinten schwarzer Sirup und vorne Rostbrühe raus. Die Handbremse war die bisherige Krönung aller seiner Restaurationsarbeiten. So etwas hatte er zuvor noch nie gesehen. Sein Freund Klaus Schweitzer und er mussten mit Gas und Sauerstoff heftig nachhelfen, um erst einmal die Trommel zu lösen. Rainer musste alles aufarbeiten, sandstrahlen, erneuern und lackieren. Viel Arbeit und Geld wurden in den Schlepper investiert, doch es ging Stück für Stück voran. Weil das Budget erschöpft war, fuhr Rainer nach Fertigstellung des Schleppers 2006 zunächst noch mit dem alten Motor.

Das ging allerdings nicht lange gut, denn kurze Zeit später stand Rainer mit vollbeladenem Anhänger beim Holzfahren nach einem Kolbenklemmer am Fahrbahnrand. Also musste nun auch der Motor zerlegt werden. Hierbei stellte er fest, dass vor vielen Jahren bei einer Motorreparatur beide Kolben um 180° verdreht eingebaut worden waren. Erstaunlicherweise war der Motor trotzdem gelaufen, und zwar gut, ist halt ein Eicher! Nach der Instandsetzung des Motors im Jahr 2007 lief er dann endlich wie ein Uhrwerk. Später wurde noch ein Dichtring an der Hydraulikpumpe undicht, wodurch Motoröl in den Hydraulikkreislauf gedrückt wurde, den Hydraulikölbehälter zum Überlaufen brachte und so für die ein oder andere Ölpest sorgte. Nach dem Entfernen der Ölpumpe musste Rainer beim Blick ins Motorgehäuse entsetzt feststellen, das mehrer Zähne fehlten. Sie waren abgebrochen doch der Motor lief trotzdem. Er fand die Zähne später bei der Reparatur der Ölwanne. Rainer fand mit viel Glück bei Josef Thanner in Bayern das rare Zahnrad als Ersatzteil und konnte es einbauen.

So sah der ED 26 vor der Restaurierung 2005 aus

Seitdem läuft die Maschine zuverlässig und zieht jeden Anhänger. Inzwischen setzt Rainer den 26er und den Tiger außer beim Holz machen auch bei seinem Schwager ein, der noch Landwirtschaft betreibt. Zum Heu und Silo machen wurden die passenden Maschinen für die Eicher gekauft. Die Arbeit dauert zwar so ein wenig länger, aber das stört Rainer nicht. Die Sparsamkeit der Eicher beim Kraftstoffverbrauch ist legendär. Wenn der große IHC seinen 100 Liter Tank leer hat, wobei natürlich die höhere Motorleistung berücksichtigt werden muss, sind bei Rainer gerade mal 25 Liter verbraucht.

Was Rainer noch nicht in Erfahrung bringen konnte, war die Vorgeschichte des ED 26, da der Fahrzeugbrief nicht mehr existiert. Nur das alte Kennzeichen FH-SX 360 befand sich noch am hinteren Kotflügel des Schleppers.

Warum machte sich der Mann aus Kreuztal eigentlich so viel Mühe mit seinen Traktoren, anstatt in der Freizeit auf dem Sofa zu liegen? Die Landwirtschaft war für Rainer die bedeutendste Phase seiner Jugendzeit. Viele der für ihn wichtigen Leute aus der Zeit leben nicht mehr, aber seine Traktoren sind noch da. Die weggescheuerte Riffelung der Pedale, das

Das war einmal die Handbremse des ED 26

2006 war die Restaurierung des ED 26 fast beendet

Der ED 26 mit Rundballenpresse im Jahr 2008 (links)

Rainer Blöcher mit seinen Traktoren von rechts nach links: Eicher Leopard 15 PS, Baujahr 1961, Eicher Tiger 28 PS, Baujahr 1966, Eicher ED 16/II 19 PS, Baujahr 1955, Eicher ED 26 PS, Baujahr 1959

abgegriffene Lenkrad, der kleine Knick im Kotflügel – das sind alles Spuren der Menschen, die ihn geprägt haben. Diese Spuren vermischen sich mit Erinnerungen. Wie schon Fritz B. Busch sagte: "Mit dem Oldtimer erlebt man seine Vergangenheit noch einmal." Wie er doch recht hat, meint Rainer. Aus diesem Grund hegt und pflegt er seine Schätze. Aber er sieht in seinen Schleppern keinen Museumsstücke. Er benutzt sie, wofür sie gebaut wurden, für das Arbeiten in der Land- und Forstwirtschaft. Jeden Winter werden die Schlepper gründlich gewartet. Der ED 26 soll endlich einen Hydraulikanschluss bekommen und der Leopard sein Originalgitter für die Motorhaube.

Für die Zukunft hat Rainer noch einige Wünsche. Ein ED 500 oder ED 50 wäre nicht schlecht und mit einem alten Magirus Rundhauber als Pritsche oder Sattelzugmaschine könnte man demnächst mit einem standesgemäßen Gespann zu den Treffen fahren. Ein Geräteträger, ein Sechszylinder oder ein Schmalspurschlepper würden auch noch zu seiner Sammlung passen. Aber dafür muss erst einmal das Sparschwein wieder kräftig angefüttert werden.

Lanz Bulldog D 4016

Eine Liebesgeschichte

von Michael Bach

Wir schreiben das Jahr 1959, es sind Sommerferien, Große Ferien. Wieder einmal habe ich das Glück, daß meine Eltern den Urlaub bei Freunden auf dem Land verbringen, diesmal bei Porz am Rhein. Nennonkel Horst, der schon weiß, wie ich ticke, hat alles vorbereitet: Schließlich ist Ernte, und da wird der Junge auf einem großen Bauernhof gebraucht! Dom und Kaiserpfalz besichtigen in Köln und Aachen: na ja, ein bißchen Bildung muß sein. Eis-Essen abends auf den Rhein-Terrassen ist auch gut, aber die Arbeit geht vor. Und der freundliche Bauer merkt schnell, daß ich nicht nur im Weg herumstehe: schließlich steht seit längerer Zeit mein Berufswunsch unverrückbar fest! Nach kurzer Einführung werde ich also mit dem 17er Bulldog die Strohbunde abfahren, die die Presse des Claas Super 500 auswirft. Der wiederum wird gezogen und angetrieben von einem 42 PS Umbau-Bulldog, und als eine gute Woche später auf den abgeernteten Flächen mit diesem und einem dreischarigen Kipp-Pflug (!) geschält wird, darf ich zum ersten Mal auch auf diese große Maschine – das soll ein Erlebnis von großer Nachhaltigkeit werden. Ich habe nur das Problem, daß Windschutzscheibe, Dach und Sitz-Einstellung nicht zu meiner Größe und zu meinem Körpergewicht passen wollen: ich muß in sehr krummer Haltung sitzen und kann dabei kaum das Gaspedal treten. Na ja, es gibt ja Handgas.

Zu diesem Zeitpunkt kenne ich theoretisch längst alle Bulldog- und viele andere Schlepper-Typen und Landmaschinen, denn alljährlich bin ich Stammgast auf der Berliner Ausstellung „Grüne Woche“, die in den fünfziger Jahren noch eine echte Landwirtschafts-Ausstellung ist. Ich erinnere mich genau: außer Eicher, Fahr, Hela und MAN sind alle bedeutenden

1959 – so fing alles an: der Autor beim Pflügen mit Umbau-Bulldog und Kipp-Pflug

Schlepper-Hersteller dort vertreten, und Jahr um Jahr werden die Leitz-Ordner, in denen ich die kostbaren Prospekte sammle, dicker und praller. Und die Zeitschrift „Feld und Wald“ ist längst abonniert – so komme ich zu den Anschriften auch dieser Hersteller, und da kann man sich die Prospekte schicken lassen, die es auf der „Grünen Woche“ nicht zu holen gibt. Das geht solange gut, bis eines Tages ein Vertreter aus Eschwege vor der Wohnungstür steht und meinen Eltern, mitten im Berliner Stadtbezirk Wedding, einen Massey Ferguson verkaufen will, worauf diese die Notbremse ziehen.

Zurück an den Rhein. Eines lauen Abends, man sitzt zusammen mit den Gastgebern auf dem Balkon beim Essen, da rauscht, wie mit sanftem Flügelschlag, auf der Dorfstraße ein ziemlich großer Schlepper mit zwei Fudern Getreide vorbei. Ich erwische gerade noch, in einer Kurve, eine kurze Ansicht von schräg hinten, dann ist alles vorüber. Mensch, das war doch der relativ neue 40 PS-Bulldog! In den Farben blaurot. Den hatte ich, außer auf Papier, noch nie gesehen. Welch ein Unterschied zu den Lanz-Poltergeistern, die ich kenne und die überall herumdonnern! Aber bei diesem kurzen Glücksmoment sollte es bleiben. Der Bulldog gehört nicht in unser Dorf, er soll nach Aussage „meines“ Bauern von ziemlich weit her aus der Umgebung stammen. Und er läßt sich in den restlichen Ferientagen nicht mehr aufspüren.

In Berlin natürlich erst recht nicht. Der Schulalltag hat mich bald wieder eingeholt. Zu weiteren Begegnungen mit einem D 4016 wird es für sehr, sehr lange Zeit nicht mehr kommen. Merkwürdigerweise auch nicht in den (leider nicht von Erfolg gekrönten) Jahren meiner „Echtzeit“ in der Landwirtschaft zwei, drei Jahre danach, im Raum Hildesheim. Die frühen Sechziger sind ja die letzten, in denen man noch so ziemlich alle Bulldog-Typen im Einsatz findet, große und kleine Glühköpfe, die Halb- und Volldiesel sowieso – einen 40er kriege ich nicht mehr zu sehen, obwohl ihn alle kennen.

Großer Zeitsprung ins Jahr 1974. Die Landwirtschaft und alles, was damit zusammenhängt, habe ich mir längst, buchstäblich, aus dem Herzen gerissen. Leider habe ich auch fast alles, was ich seit Kindertagen gesammelt hatte, einer Müllverbrennungsanlage übergeben – als Teil der Therapie, die natürlich, wie alle Gewaltmaßnahmen, nicht wirklich heilsam ist.

Wieder einmal ist Urlaub angesagt. Wir sind auf einem Reiterhof bei Bornhöved in Holstein gelandet, der ganz neu aus einem Landwirtschaftsbetrieb heraus entstanden ist und noch auf Reiter wartet. Zwei Schlepper gibt es hier noch: einen Fahr D 180 und – der Leser ahnt es – einen D 4016, grün-gelb. Die freundlichen Gastgeber lassen uns unentgeltlich erste Reitversuche machen, und es dauert nur zwei Tage, bis ich mir ein Herz fasse und die Frage wage, ob ich

Blau/rot: so hörte und sah ich meinen ersten 40er!

Grün/gelb: und so fuhr ich meinen ersten 40er!

denn vielleicht auch einmal auf dem Bulldog reiten dürfte.

Nach kurzer Darlegung meines Vorlebens geht dieser Traum in Erfüllung. Am nächsten Morgen bullert es weich vor unserem Fenster, und es heißt: „Worauf warten Sie noch? Er ist schon warmgelaufen!“ Nun wiederholt sich (zum Leidwesen meiner Frau, die noch nicht ahnen kann, was die nächsten Jahre bringen werden) mein Jugend-Erlebnis. Es gibt zwar nicht wirklich etwas zu tun für uns, also für den Bulldog und mich, aber ausgedehnte Spazierfahrten durch die schöne holsteinische Landschaft sind drin. Als uns dann ein Ausflug (natürlich mit dem Auto) ins Freilichtmuseum Molfsee bei Kiel führt, wo es unter anderem reizende junge Schwarzspechte und wahnsinnig leckeren Apfel- und Walnußpudding gibt, kommt es zu einer endgültigen Weichenstellung. In einer Scheune steht dort ein großer Glühkopf-Bulldog, wahrscheinlich nicht komplett und auf platten Reifen, das weiß ich nicht mehr so genau. Was ich aber noch weiß, ist, daß ich, alle Absperrungen mißachtend, auf den Fahrersitz steige und ungefähr fünf Minuten lang in einer anderen Welt bin. Dann kehre ich notgedrungen in die Realität zurück. Aber von nun an steht es fest: irgendwo in dieser Richtung liegt ein Stück Zukunft für mich. Doch dies ist eine andere Geschichte. Zu dieser aber doch noch ein Wort. Auf den heutigen Veranstaltungen tauchen sie ja glücklicherweise ziemlich regelmäßig auf, die Vierziger. Und den einen oder anderen Besitzer kenne ich auch gut und seit langer Zeit. Wenn ich dann ganz bescheiden mal frage, habe ich schon das eine oder andere Mal Gelegenheit gehabt, die alte, letztlich unerfüllte Liebe aufzuwärmen.

Unvergeßlich: in der Steinzeit gab es in Hänigsen noch Aktivitäten außer der Ausstellung (was den Selbstzündern heute, auf dem ihnen zur Verfügung stehenden Gelände und der Fülle einfach nicht mehr möglich ist – liebe Selbstzünder, versteht das nicht als Kritik!) Irgendwann auch mal eine lange Ausfahrt durch Wald und Flur. Roland Zacieczki vertraute mir seinen grünen 40er an. Fast wie meine Jungfernfahrt damals in Holstein …

Wenn Sie nun fragen, warum das überhaupt eine Liebesgeschichte ist, lautet meine Antwort: lassen Sie sich das am besten von einem 40er Volldiesel selbst erzählen. Sie brauchen ihm nur zuzuhören: im Leerlauf, beim Beschleunigen, unter Last. Wenn Sie ein

LANZ BULLDOG
DIESEL-SCHLEPPER

für hohe Zugleistung und schwere Erntemaschinen. Moderne Form und bequeme Bedienung zeichnen ihn aus. Dazu ist er robust und verschleißfest.

Dieser Bulldog-Dieselschlepper von 40 PS kann ausgerüstet werden mit Differentialsperre, Kriechgang und kupplungsunabhängiger Zapfwelle. Er ist die Maschine

- **für schwere Zugleistung auf dem Acker, im Forst und auf der Straße,**
- **für den großen Mähdrescher,**
- **für die Hackfrucht-Vollerntemaschinen.**

Sein verhältnismäßig niedriges Gewicht macht ihn auch für Bestellarbeiten geeignet.

Schlepper und Maschine aus einer Hand! 40 PS LANZ Bulldog-Diesel und LANZ Mähdrescher MD 195 sind ein ideales Gespann.

Schwere Pflugarbeit verlangt hohe Zugleistung. Dafür ist der 40 PS Bulldog-Diesel richtig. In schwierigen Fällen hilft die Differentialsperre.

Der erste Prospekt des Lanz Bulldog D 4016, März 1957

Trotz tiefer Schwerpunktlage hat der D 4016 eine hohe Bodenfreiheit. Auf Wunsch gefederte Vorderachse.

Moderner Fahrkomfort: Viel Platz auf der Plattform, vorzügliche Übersicht, bequemes Sitzen, alle Hebel handgerecht.

Außen moderne Form – innen klarer Aufbau und beste Zugänglichkeit.

LANZ

BULLDOG-DIESEL-SCHLEPPER

40 PS D 4016

BAUART

Block-Konstruktion

Länge	3160 mm	Bodenfreiheit	410 mm
Breite	1726 mm	Radstand	1950 mm
Höhe (ohne Dach)	2080 mm	Wendekreis-Halbmesser	3000 mm
		Eigengewicht	2650 kg

Motor: Wassergekühlter Einzylinder Zweitakt LANZ Dieselmotor 40 PS mit lastabhängigem Drehzahlregler.

Bohrung	160 mm	Hubraum	4220 ccm
Hub	210 mm	Drehzahl	1000 U/min.

Kraftstoff: Handesübliche Dieselkraftstoffe, Gas- und Paraffinöle • Kraftstoffverbrauch: Durchschnittlich ca. 2,4 bis 3,6 Ltr./Std. • **Schmierung:** Frischöl-Druck-Schmierung für Motor-Triebwerk; Hochdruck-Fettschmierung für übrige Teile • **Wasser-Umlauf-Kühlung** • **Getriebe:** 6 Vorwärtsgänge und 2 Rückwärtsgänge

Geschwindigkeiten bei Bereifung 11—38 AS

1. Gang	3,5 km/Std.	5. Gang	14,2 km/Std.
2. Gang	5,4 km/Std.	6. Gang	19,5 km/Std.
3. Gang	7,5 km/Std.	1. Rückwärtsgang	5,4 km/Std.
4. Gang	9,3 km/Std.	2. Rückwärtsgang	14,2 km/Std.

GRUNDAUSRÜSTUNG

Pendelachse vorn • Spurweite 1424 mm • Kotflügel hinten mit Beifahrersitz • Verstellbarer Wannensitz mit Gummifederung • Drückvorrichtung an der Vorderachse • Gefederte, höhenverstellbare Wagen-Anhängevorrichtung • **Verstellbare** Anhängeschiene für Geräte • Hinterrad-Fußbremse, zugleich Einzelrad-Lenkbremse • Getriebe-Handbremse, feststellbar • Hand- und Fußhebel für Drehzahleinstellung • Ölbad-Luftfilter • Kühler-Rollo • Beleuchtungsanlage • Lichtmaschine 12 V, 130 Watt • Batterie 12 V, 70 Ah • Bremslichtanlage mit Steckdose für Anhängerbeleuchtung • Signalhorn • Anwerfvorrichtung • 1 Satz Werkzeuge.

MINDEST-LIEFERUMFANG

Elektr. Starteranlage mit elektr. Glühvorrichtung 12 V • **Kühlwasser-Fernthermometer** • **Zapfwelle** nach Norm, 542 U/min, für volle Motorleistung ($1^3/_4$" = 36×44,5 mm) • **Bereifung:** vorn 6,00-20 (AS Front), hinten 11-38 oder 13-30 (AS).

SONDERAUSRÜSTUNGEN

Vorderachse mit Einzelradfederung (nur bei Mitlieferung) • **Hydr. Kraftheber** (Hochdruck-Hydraulik 120 atü) mit doppelt wirkendem Arbeitszylinder und Dreipunkt-Aufhängung einschl. Versteifung • **Normale Anhängeschiene** für mit Dreipunkt-Aufhängung ausgerüstete Schlepper, verstellbar • **Schwenkbare Anhängevorrichtung** (Zugpendel) mit normaler Anhängeschiene und der Dreipunkt-Aufhängung leicht austauschbar (in Vorbereitung) • **Differentialsperre** • **Kupplungsunabhängige Zapfwelle** • **Kriechganguntersetzung** ([0,65] 1,3; 2,0; 2,7 km/Std.) • **Reduzierstück** von Zapfwellen-Profil $1^3/_4$" = 36×44,5 mm auf 29×35 mm • **Allwetter-Verdeck,** leicht abnehmbar und abgefedert, bestehend aus: Windschutzscheibe aus Sicherheitsglas, Dachbespannung und winddichtem Abschluß nach vorn aus Autoköperstoff, elektr. Scheibenwischer, Blinklicht und Rückspiegel (in Vorbereitung) • **Zusätzl. Seitenverkleidung** aus Autoköperstoff mit Plastikfenstern (in Vorbereitung) • **Rückenverkleidung** (in Vorbereitung) • **Riemenscheibe** hinten mit Zapfwellenverlängerung ∅ 290 mm, 1280 U/min (in Vorbereitung) • **Vorderrad-Kotflügel** • **Reifenfüllpumpe** mit Schlauch • **Sitzpolster** • **Gitterräder,** vorn für Bereifung 6,00-20, hinten für Bereifung 11-38 und 13-30 • **Zusatzgewichte:** a) für Belastung der Vorderachse 70 kg und 120 kg, b) für Vorderräder 2 Stück (außen) à 70 kg = 140 kg, zusätzl. 2 Stück (innen) à 45 kg = 90 kg (nur bei Ausrüstg. mit gefederter Vorderachse), c) für Hinterräder 2 Stück à 114 kg = 228 kg, dazu passend 2 Stück à 80 kg = 160 kg, 4 Stück à 80 kg = 320 kg, 6 Stück à 80 kg = 480 kg.

FLÄCHENLEISTUNGEN

auf mittelschwerem Boden in 10-stündiger Arbeitszeit:

Art der Arbeit	Breite	Fläche	Art der Arbeit	Breite	Fläche
Tiefpflügen	3 scharig	3,5 ha	Grubbern	2,00 m	14,0 ha
Saatpflügen	4 scharig	5,0 ha	Eggen und Walzen	3,00 m	22,0 ha
Schälen	6 scharig	8,0 ha	Mähen	1,50 m	10,0 ha

Änderungen vorbehalten

HEINRICH **LANZ** MANNHEIM
AKTIENGESELLSCHAFT

LANZ baut: Bulldog-Diesel-Schlepper • Alldog-Geräteträger • Mähdrescher • Erntemaschinen • Roder

13 629/1
mahas

Ohr für Motoren haben, müssen Sie sich einfach verlieben …

Der Lanz Bulldog D 4016

Der D 4016 ist die letzte Mannheimer Konstruktion, die aus der Evolution des Bulldogs hervor- und in Serie geht. Er gehört zur Baureihe der sog. Volldiesel-Bulldogs, die mit den Modellen D 1616, D 2016, D 2416 und D 2816 die vorherigen „Halbdiesel"-Typen ersetzt. Diese neuen Bulldogs sind ausgereifte Entwicklungen des Diplom-Ingenieurs Anton Lentz (Jahrgang 1897), der nach seinem Examen an der Mannheimer Ingenieur-Schule im Jahr 1921 in die Firma Heinrich Lanz eintritt und vom ersten Moment an der Seite des „Bulldog-Vaters" Dr. Fritz Huber wichtige Konstruktionsaufgaben übertragen bekommt. Als Getriebefachmann ist er unter anderem für die Entwicklung des Vierrad-Antriebs bei dem Knicklenker- Bulldog, Typ HP und später für das klassische Sechsgang-Getriebe in zwei Schaltgruppen verantwortlich. (Seine Fachkompetenz ist noch nach 1960 bei der Entwicklung der 10-Gang-Triebwerke der neuen Mannheimer Schlepper-Generation der Modell-Reihe John Deere-Lanz 300 und 500 von entscheidender Bedeutung).

Anton Lentz, der letzte Bulldog-Konstrukteuer

Lentz, nach Hubers Tod im Jahr 1942 dessen Nachfolger als Chef der Bulldog-Entwicklung, gelingt darüberhinaus auch die höchst problematische Umstellung des Bulldog-Motors auf Holzgas-Betrieb. Die Gasschleuse, die diesen erst ermöglicht ohne das Risiko eines irreparablen Motorschadens schon nach wenigen Betriebsstunden, ist sein Werk, ebenso wie einige, im Geheimen entstehende Prototypen mit Zweizylinder-Zweitaktmotoren stehender Bauweise, die allerdings nicht die Zustimmung der Werksleitung finden. Dem vorausschauenden Anton Lentz ist jedoch schon nach Kriegsende klar, daß die Ära des bereits damals legendären Einzylinder-Bulldog-Motors nicht mehr von langer Dauer sein kann.

Seine Arbeiten an einem völlig neuartigen „Glühkopfmotor mit ungekühltem Brennraum" werden unter der Nummer 938 688 patentiert und führen ab 1952 erst zum Halb-, danach wie schon gesagt zum Volldiesel-Motor.

Die kleinen und mittleren Volldiesel sind jedoch Schlepper für kleinere und mittlere Bauernhöfe, Großbetriebe müssen auf eine wirklich moderne Bulldog-Konstruktion noch ein weiteres Jahr warten. Bekanntlich übernimmt der amerikanische John Deere-Konzern am 1. Oktober 1956 die Aktienmehrheit der Heinrich Lanz AG. In dieser von Krisen, Ängsten und großen wirtschaftlichen Problemen gekennzeichneten Periode wird der D 4016 als – so empfindet es der Verfasser dieser Zeilen – krönender Abschluß der Bulldog-Ära auf den Markt gebracht. Auch er verschließt sich jedoch nicht der Erkenntnis, daß es sich dabei zugleich um einen echten Schwanengesang handelt!

In der zweiten Jahreshälfte 1956 entsteht (übrigens zeitgleich mit dem 200.000sten Lanz-Dieselschlepper, einem D 2416) zunächst eine kleine Reihe von Vorserien-Modellen, die zwar auch verkauft werden, die reguläre Serienfertigung setzt dann Mitte 1957 ein. Lanz wirbt für den Neuen als „Universalschlepper" – ein Anspruch, dem er vollkommen gerecht wird durch seine vielfältigen Ausstattungsmöglichkeiten und nicht zuletzt durch die verschiedenen lieferbaren Dimensionen der Hinterrad-Bereifung.

Sein Haupteinsatzgebiet in der Landwirtschaft liegt dort, wo große Betriebe und/oder schwere Böden auf hohe Zugkraft (etwa beim dreischarigen Pflügen) und hohe Zapfwellenleistung (etwa vor dem Anhängemähdrescher oder Rüben-Vollernter) angewiesen sind.

Anton Lentz hat einen Motor entwickelt, der zwar auf dem Halbdiesel-Aggregat basiert und in seinem Gesamtaufbau, den man erkennt, wenn man die große Blechhube öffnet, dem alten Glühkopfmotor ähnelt, der aber in entscheidenden Details völlig neu ist. Die Bohrung ist gegenüber dem mittleren Halbdiesel (D 32 und D 36) um 10 auf 160 mm vergrößert, bei gleichem Hub von 210 mm ergibt sich daraus ein Hubraum von 4.222 cm^3. Die Verdichtung ist von 12,7:1 auf das für einen Dieselmotor noch immer niedrige Verhältnis von 14,5:1 erhöht worden, die Dauerleistung beträgt 40 PS bei 1.000 U/min. Als einziger Lanz-Volldiesel besitzt der 40er zwei Glühkerzen, die sein Startverhalten unter allen Bedingungen unproblematisch machen – nicht unbedingt die Regel bei den kleinen Maschinen. Der Kraftstoffverbrauch ist mit 211 g/PSh sensationell niedrig für einen Schlepper dieser Leistung.

Eine standfeste, trockene Einscheiben-Kupplung eigner Bauart überträgt die Kraft auf das Getriebe mit sechs Vorwärts- und zwei Rückwärtsgängen, das in der bekannten Bulldog-Bauweise ausgeführt ist. Per Hand wird eine Lamellenkupplung betätigt, die einen von der Fahrkupplung unabhängigen Zapfwellenbetrieb ermöglicht. Der D 4016 verfügt selbstverständlich über Einzelrad-Lenkbremsen. Für den Komfort des Schlepperfahrers sorgt sein Wannen-Schwingsitz, für die universelle Einsetzbarkeit die Hinterrad-Bereifungen 11-38, wenn ein großer Anteil an Bestell- und Pflegearbeiten anfällt oder die Größe 13-30. Sehr günstig ist das Verhältnis von für einen solchen Schlepper relativ niedrigem Eigen- zum höchstzulässigen Gesamtgewicht mit 2.697 zu 3.110 kg. Die Verteilung von Hinter- und Vorderachslast kommt dem Idealwert von 1:2 nahe, und obwohl es sich nicht um einen Radstands-Riesen handelt, beträgt die maximale Zughakenkraft im 1. Gang lt. KTL-Prüfbericht Nr. 177 vom 20. März 1958 stattliche 3.352 kg auf Betonbahn! In diesem Prüfbericht heißt es unter anderem: „Der Schlepper wurde von der Herstellerfirma im August 1957 beim Schlepper-Prüffeld (damals in Marburg; d. Verf.) zur Technischen Prüfung angemeldet. Die Prüfung wurde nach den Prüfregeln für Ackerschlepper durchgeführt. ... Der wassergekühlte Einzylinder-Lanz-Dieselmotor arbeitet im Zweitaktverfahren. Die direkte Einspritzung erfolgt durch Bosch-Kraftstoffpumpe und -Einspritzdüse. Der Kraftstoff wird der Einspritzpumpe ... über ein kombiniertes Vor- und Feinfilter zugeführt. Ein Fliehkraftverstellregler eigener Bauart reguliert die Drehzahl,

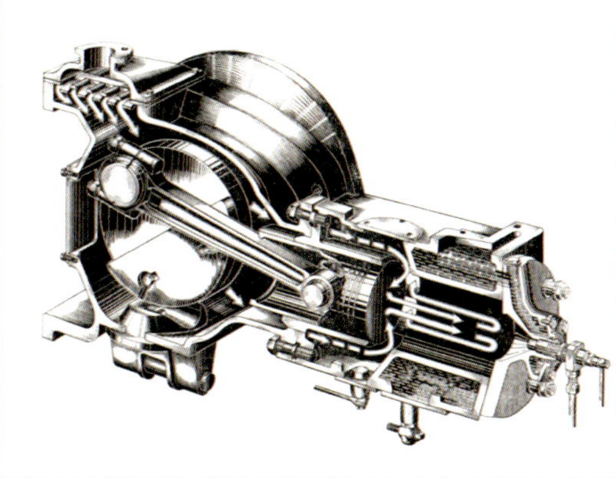

Schnittbild vom Motor des D 4016

Der Bulldog-Aufbau zeigt deutliche Ähnlichkeit mit den GK-Bulldogs

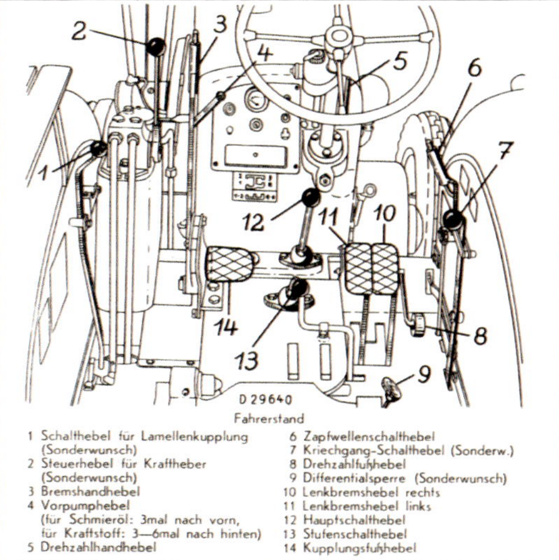

Ein Blick in den Fahrerstand

LANZ

D 4016

LANZ 40 PS Type D 4016 Diesel

Der robuste, leistungsstarke 40 PS LANZ-Diesel ist die zuverlässige Maschine für schwere Zug- und Zapfwellenleistungen jeder Art. Er ist ganz besonders geeignet für Zug und Antrieb großer Mähdrescher und schwerer Vollerntemaschinen. Durch seine hohe Kraftreserve wird er auch mit schwierigen Verhältnissen spielend fertig.

Er ist wie alle LANZ-Diesel

robust und unverwüstlich,
vielseitig und zuverlässig,
anzugsfreudig und zugstark.

Er hat wie alle LANZ-Diesel

zweckmäßige Gangabstufung,
niedrigen Kraftstoffverbrauch,
einfache und bequeme Bedienung,
alle modernen Sonderausrüstungen.

MOTOR BREMSE

Noch mehr Sicherheit · Noch mehr Kraftstoffeinsparung · Noch bessere Nutzung der Motorkraft · Noch mehr Einsparung an Reparaturkosten · Noch mehr Fahrkomfort · Noch mehr Sicherheit.

Lanz Diesel D 4016, Prospekt November 1958

BAUART

Block-Konstruktion

Länge	3160 mm	Bodenfreiheit	410 mm
Breite	1726 mm	Radstand	1950 mm
Höhe (ohne Dach)	2080 mm	Wendekreis-Halbmesser	3000 mm
		Eigengewicht	2650 kg

Motor: Wassergekühlter Einzylinder-Zweitakt-LANZ-Dieselmotor 40 PS mit lastabhängigem Drehzahlregler.

Bohrung	160 mm	Hubraum	4220 ccm
Hub	210 mm	Drehzahl	1000 U/min.

Kraftstoff: Handelsübliche Dieselkraftstoffe und Paraffinöle • Kraftstoffverbrauch: Durchschnittlich ca. 2,4 bis 3,6 Ltr./Std. • **Schmierung:** Frischöl-Druck-Schmierung für Motor-Triebwerk; Hochdruck-Fettschmierung für übrige Teile • **Wasser-Umlauf-Kühlung** • **Getriebe:** 6 Vorwärtsgänge und 2 Rückwärtsgänge.

Geschwindigkeiten bei Bereifung 11 — 38 AS

1. Gang	3,5 km/Std.	5. Gang	14,2 km/Std.
2. Gang	5,4 km/Std.	6. Gang	19,5 km/Std.
3. Gang	7,5 km/Std.	1. Rückwärtsgang	5,4 km/Std.
4. Gang	9,3 km/Std.	2. Rückwärtsgang	14,2 km/Std.

GRUNDAUSRÜSTUNG

Pendelachse vorn • Spurweite 1424 mm bei Bereifung 11 — 38 • Kotflügel hinten mit Beifahrersitz links • Verstellbarer Parallelogramm-Wannensitz mit Gummifederung • Drückvorrichtung an der Vorderachse • Gefederte, höhenverstellbare Wagen-Anhängevorrichtung • **Verstellbare** Anhängeschiene für Geräte • Hinterrad-Fußbremse, zugleich Einzelrad-Lenkbremse • Getriebe-Handbremse, feststellbar • Hand- und Fußhebel für Drehzahleinstellung • Ölbad-Luftfilter • Kühler-Rollo • Beleuchtungsanlage • Lichtmaschine 12 V, 130 Watt • Batterie 12 V, 70 Ah • Bremslichtanlage mit Steckdose für Anhängerbeleuchtung • Signalhorn • Anwerfvorrichtung • 1 Satz Werkzeuge.

MINDEST-LIEFERUMFANG

Elektr. Starteranlage mit elektr. Glühvorrichtung 12 V • **Kühlwasser-Fernthermometer** • Steckdose für Handlampe • **Getriebe-Zapfwelle** mit Schutz nach Norm, 542 U/min, für volle Motorleistung (1¾" = 36 × 44,5 mm) • **Bereifung:** vorn 6,00 — 20 (AS Front), hinten 11 — 38 oder 13 — 30 (AS).

Moderner Fahrkomfort: Viel Platz auf der Plattform, von vorn und hinten zugänglich, vorzügliche Übersicht, bequemes Sitzen, alle Hebel handgerecht.

Außen moderne Form – innen klarer Aufbau und beste Zugänglichkeit.

LANZ Diesel 40 PS Type D 4016

SONDERAUSRÜSTUNGEN

Vorderachse mit Einzelradfederung (nur bei Mitlieferung) • **Hydr. Kraftheber** (kupplungsabhängige oder kupplungsunabhängige Hochdruck-Hydraulik 140 atü — 985 mkg Arbeitsvermögen) mit doppelt wirkendem Arbeitszylinder und Dreipunkt-Aufhängung einschl. Versteifung • **Normale Anhängeschiene** für mit Dreipunkt-Aufhängung ausgerüstete Schlepper, verstellbar • **Schwenkbare Anhängevorrichtung** (Zugpendel) mit normaler Anhängeschiene und der Dreipunkt-Aufhängung leicht austauschbar • **Differentialsperre** • **Motorzapfwelle** (kupplungsunabhängig) • **Kriechganguntersetzung** ([0,65] 1,3; 2,0; 2,7 km/Std.) • Reduzierstück von Zapfwellen-Profil 1¾" = 36 × 44,5 mm auf 29 × 35 mm oder 36 × 42 mm • **Allwetter-Verdeck,** leicht abnehmbar und abgefedert, bestehend aus: Windschutzscheibe aus Sicherheitsglas, Dachbespannung und winddichtem Abschluß nach vorn aus Autoköperstoff, elektr. Scheibenwischer, Blinklicht und Rückspiegel • **Zusätzliche Seitenverkleidung** aus Autoköperstoff mit Plastikfenstern • **Rückenverkleidung** einschl. 2. Rückspiegel • **Riemenscheibe** hinten mit Zapfwellenverlängerung Ø 290 mm, 1280 U/min. • **Vorderrad-Kotflügel** • Breiter **Hinterrad-Kotflügel** • **Reifenfüllpumpe** mit Schlauch • **Sitzpolster** • **Gitterräder,** vorn für Bereifung 6,00 — 20, hinten für Bereifung 11 — 38 und 13 — 30 • **Zusatzgewichte:** a) für Belastung der Vorderachse 70 kg oder 120 kg, b) für Vorderräder 2 Stück (außen) à 70 kg = 140 kg, zusätzl. 2 Stück (innen) à 45 kg = 90 kg, c) für Hinterräder 2 Stück à 114 kg = 228 kg (schwere Naben), dazu passend 2 Stück à 80 kg = 160 kg, 4 Stück à 80 kg = 320 kg, 6 Stück à 80 kg = 480 kg • **Frontlader-Anbau** • **Seilwinde** • **Kilometerzähler** mit Geschwindigkeitsmesser • **Motorbremse** (i. V.).

FLÄCHENLEISTUNGEN

auf mittelschwerem Boden in 10-stündiger Arbeitszeit:

Art der Arbeit	Breite	Fläche	Art der Arbeit	Breite	Fläche
Tiefpflügen	3 scharig	3,5 ha	Grubbern	2,00 m	14,0 ha
Saatpflügen	4 scharig	5,0 ha	Eggen und Walzen	3,00 m	22,0 ha
Schälen	6 scharig	8,0 ha			

Änderungen, die dem technischen Fortschritt dienen, behalten wir uns vor. Infolgedessen sind Abbildungen, Maße und Gewichte unverbindlich.

Außergewöhnlich tiefer Schwerpunkt bei hoher Bodenfreiheit. Auf Wunsch vordere Einzelradfederung.

HEINRICH **LANZ** MANNHEIM
AKTIENGESELLSCHAFT

die mittels Handhebel einstellbar und durch Betätigung eines Fußhebels veränderbar ist. Die kombinierte Frischöl-Umlauf-Schmierung des Motors wird durch eine Bosch-Schmierpumpe versorgt, mit welcher eine Zahnradpumpe eigener Bauart gekoppelt ist, die das Überschußöl aus dem Kurbelgehäuse über ein Filzplattenfilter in den Ölbehälter zurückbefördert. Nach längerer Außerbetriebnahme des Schleppers können die Triebwerksteile durch eine Vorpumpeinrichtung vor dem Start ausreichend mit Schmieröl versorgt werden. Die Ansaugluft wird über ein Olbadluftfilter, Fabrikat Mann & Hummel, dem Motor zugeführt. Der Motor wird mittels eines Bosch-Pendelanlassers oder von Hand mit einem am Schwungrad befestigten Andrehrad gestartet. Als Starthilfe wird eine Glühkerze verwendet (hier irrt der ansonsten so präzise Prüfbericht: davon besitzt der D 4016 definitiv zwei! Der Verf.) Die Wärmegefälle-Wasser-Umlaufkühlung mit Windflügeln und Elementenkühler kann durch ein Kühler-Rollo reguliert werden. Die Auspuffdämpfung geschieht durch einen Wirbelschalldämpfer eigener Bauart."

Zur Gestaltung des Äußeren gibt es eine hübsche Anekdote, die mein Freund und Kollege Wolfgang Wagner ausgegraben und in seinem Buch „Als der Bulldog grün wurde" erzählt hat. Der Vierziger hat ja, auf den ersten Blick zu erkennen durch die Gestaltung der nach vorn zu klappenden, großen Motorhaube, deutliche Ähnlichkeit mit den kleineren Volldiesel-Typen. Ganz anders dagegen sind die schönen, muschelförmigen Kotflügel über den Hinterrädern, die den Fahrerraum nicht nach vorn abschließen und zur Not auch einen Aufstieg von der Seite her zulassen: so etwas hat es beim Bulldog zuletzt in den frühen Dreißigern gegeben, etwa beim12/20er. Die Werksleitung hatte zum Zweck der Gestaltung des Neuen einen italienischen Industrie-Designer gewonnen, der die Mannheimer jedoch im Stich ließ. Die Folge war, daß Anton Lentz die Sache in die Hand nahm: „Wenn man mir sagt, wo der Scheitel gezogen werden soll, frisier ich Ihnen den Bulldog auch noch!"

So darf man also davon ausgehen, daß dieser letzte echte Bulldog zu nahezu 100 % auf dem Reißbrett von Anton Lentz entstanden ist. Seine Ingenieurleistung läßt noch im Rückblick einen Satz besser verstehen, der damals verbürgt im Werk, in der Belegschaft kursierte: „Ohne Lentz gibt es bei Lanz keinen Lenz!"

Die Liste der Sonderausrüstungen ist, wie stets bei Lanz, lang. Zu den wichtigsten zählen der hydraulische Dreipunkt-Kraftheber eigener Bauart mit Hochdruck-Zahnradpumpe, Steuerventil und doppelt wir-

Ideal für schwere Zapfwellen-Maschinen

Lanz-Diesel D 4016, 1958-59

kendem Arbeitszylinder, das Kriechgang-Getriebe (3 V/1 R. Hier führt die auf ..16 endende Typenbezeichnung in die Irre: alle anderen Bulldogs, die auf ... 16 enden, sind serienmäßig mit Kriechgängen ausgestattet!), die Riemenscheibe auf verlängerter Zapfwelle, eine starke Seilwinde oder auch das Allwetter-Verdeck mit klappbarer Windschutzscheibe. Außerdem gibt es die Möglichkeit des Anbaus von Front- oder Hecklader, schwere Ballastgewichte, Gitterräder, vordere Einzelrad-Federung und vieles mehr. Auch für die Forst- und Bauwirtschaft ist der D 4016 somit eine interessante Alternative. Einige Fotos zeigen ihn sogar mit einer Weinbergwinde bei der Arbeit im Wingert!

Eine hochinteressante, technische Delikatesse kam auf Wunsch auch dem 40er zugute: die Lanz-Motorbremse! Ein Sonderprospekt warb für diese, für die Verkehrssicherheit nicht zu überschätzende Einrichtung: „Starkes Gefälle – schwere Last: Kennen Sie dieses Gefühl?“ Nun bedeutet es ja beinahe die Quadratur des Kreises, einen Zweitakter mit einer Motorbremse zu versehen! Die Sache funktioniert folgendermaßen: „Durch das Zweitakt-Verfahren des Lanz-Dieselmotors wird eine bisher nicht gekannte Motorbremsleistung und Bremsgleichmäßigkeit erreicht. Die volle Kraft des Dieselmotors wird nun bei Talfahrt auch für das Bremsen nutzbar gemacht. Beim Betätigen des Motorbremshebels am Steuerrad des Schleppers (durch einen Bowdenzug) wird erst das Kraftstoff-Kurzschlußventil und dann das Motorbremsventil geöffnet. Das geöffnete Kraftstoff-Kurzschlußventil sperrt nun während der ganzen Bremszeit die Kraftstoffzufuhr zum Motor. ... Bei jedem Hub des Kolbens strömt die Luft fortlaufend über das Bremsventil (durch eine Rohrleitung) in das Kurbelgehäuse und zurück in den Zylinderraum. Durch die dabei entstehende Drosselung der Luft im Bremsventil wird eine hohe, ununterbrochene Bremswirkung erreicht (weil der Kolben stark in seiner Bewegung gehemmt wird. Das Differential verteilt die Bremswirkung auf die Antriebsräder). Die Kompressionswärme hält den Brennraum auf Betriebstemperatur. Dadurch nimmt der Motor nach dem Schließen des Bremsventils und der Zuführung von Kraftstoff sofort wieder Leistung auf. Die Bremswirkung richtet sich nach der Motorendrehzahl und Öffnung des Bremsventils. Je höher die Drehzahl, desto größer ist auch die mögliche Bremsleistung. Die Bremswirkung läßt

Der 40er mit moderner John-Deere-HD-Presse

D 4016 bei der Arbeit im Wingert

Das Allwetterverdeck schützt vor Wind und Nässe

Zentral gelagerte Zapfwelle nach Norm

In Höhe und Fahrtrichtung verstellbare Anhängeschiene

sich den jeweils gegebenen Fahrbedingungen durch entsprechend weniger oder weiteres Öffnen des Bremsventils gefühlsmäßig und feinstufig anpassen. Die Regulierung erfolgt mühelos unter dem Lenkrad des Schleppers." (Die Inhalte der Klammern sind Ergänzungen des Verfassers). Das hört sich nach einer guten Sache an – dem Verfasser ist nicht bekannt, ob sie von Erfolg gekrönt war. Es scheinen nicht allzu viele Maschinen damit ausgestattet worden zu sein. Heute sind Bulldogs, die diese Motorbremse besitzen, extreme Raritäten!

Keine ganz klaren Verhältnisse herrschen in der Frage: gab es einen Straßenschlepper, womöglich mit der (analog zum 60er) eigenen Typenbezeichnung D 4017? Es scheint mir nach wie vor ungeklärt – wenn es auch nachweislich mindestens zwei Exemplare des 40ers mit geschlossener, geräumiger und formschöner Fahrerkabine, Blattfeder-Vorderachse, vorderen Kotflügeln und den vom großen Glühkopf bekannten, gesickten hinteren gibt! Diese Kabinen wurden mit großer Wahrscheinlichkeit von der berühmten Berliner Lanz-Werksniederlassung im Bezirk Spandau bei dem Karosseriebauer Wollny in Auftrag gegeben. Wie oft dies der Fall war, war bisher nicht zu ermitteln. Im übrigen wäre es schon interessant zu erfahren, ob diese Straßenschlepper über die Motorbremse verfügen – was ja eigentlich logisch wäre.

Knapp über 1.000 Exemplare des D 4016 sind in den Jahren von 1956-60 gebaut worden. (Zum Vergleich: vom Eicher ED 40 waren es 305, vom Fendt F 40/F40 U 1.030, vom Hanomag R 435/45 1.069, vom Schlüter AS 402 nur 88!). Er lag also gut im Rennen. Ab Sommer 1958 weicht auch bei ihm die traditionelle Lanz-Lackierung, blau mit roten Felgen, dem Grün/Gelb von John Deere. Auch den dreifachen Wechsel der offiziellen Bezeichnung muß er über sich ergehen lassen: entstanden als „Lanz Bulldog" mutiert er zunächst zum „Lanz Diesel" und endet als „John Deere-Lanz" (was der Liebe keinen Abbruch tut).

Werfen wir noch einen Blick auf die Konkurrenz. Mit welchen Schleppern wichtiger Hersteller muß sich der D 4016 in dieser Leistungsklasse vergleichen lassen? Es sind gar nicht so wenige, selbst wenn einige, an die man spontan denkt, eher in der Liga um 50 PS spielen wie etwa der Deutz F3L514 (ein Grenzfall) oder gar die Hanomag R45/445. Andere, wie etwa der Porsche-Diesel Super N 308 liegen, zumindest in der PS-Leistung, darunter. Und etliche weitere sind inzwischen dem großen Markensterben dieser Jahre erlegen. Auch die Baujahre lassen sich nicht in völlige Übereinstimmung bringen. Das Ganze läßt sich am deutlichsten in einer Tabelle darstellen. Es steht außer Zweifel: hervorragende Schlepper finden sich darunter, von denen einige technisch wegweisend sind. Aber es hilft nichts: so wie der Lanz D 4016 klingt kein anderer Motor in den Ohren des Verliebten.

Echtes Liebhaberstück: der 40er hat es verdient

Die Straßenschlepper waren wohl Einzelstücke

	Lanz D 4016	Deutz F3L514/6	Deutz D 40/ D 40 S	Eicher ED40	Fendt F 40 U
Baujahre	1956-1960	1956-1958	1957-1959	1955-1958	1951-1958
Motor		F3L514	F3L712	ED 2 D	MWM KDW 415 D
Bauart	1-Zyl.-Zweitakt, Direkteinspritzer	3-Zyl.-Viertakt, Wirbelkammer	3-Zyl.-Viertakt, Wirbelkammer	2-Zyl. Viertakt, Direkteinspritzer	3-Zyl.-Viertakt, Wirbelkammer
Kühlung	Thermosyphon	Luft/Axialgebl.	Luft/Axialgebl.	Luft/Radialgebl.	Wasserumlauf
Bohrung/Hub	160/210 mm	110/140 mm	95/120 mm	115/150 mm	100/150 mm
Hubraum	4.222 cm^3	3.990 cm^3	2.550 cm^3	3.114 cm^3	3.534 cm^3
Leistung	40 PS	45 PS	38 PS	40 PS	40 PS
Drehzahl	1.000 U/min	1.600 U/min	2.300 U/min	1.500 U/min	1.500 U/min
Verdichtung	14,5:1	17,3:1	20:1	17,5:1	17,3:1
Getriebe	Lanz	ZF	Deutz	ZF	ZF
Bauart	6 V/2 R/3 K	A 23 (3 V/ 2R/3K)	F2L514 (7 V/3 R)	A 17 D (5 V/ 1 R/ 1 K)	A 17 (5 V/ 1 R/ 1 K
Bereifung v/h	6.00-20/11-38 o. 13-30	6.00-20/13.30	5,50-16/11-28o. 6,00-20/11-36 o. 13-30	6,50-20/ 11-28	6,00-20/13-30 o. 6,50-20/11-38
Länge (mm)	3.160	3.420	3.420	3.300	3.600
Radstand (mm)	1.950	2.077	2.110	1.953/ 2.153 (UZW)	2.255
Bodenfreiheit	410	435	465	400	460
Eigengewicht	2.650	2.600	2.050	2.285/2.420 (UZW)	2.500
Achslast v/h	840/1.810	850/1.750	780/1.270	820/1.465	
zulässige Ges. gew.	3.450	3.950	3.000	2.900	3.500
maximale Zughakenkraft (kg)	3.352	(*		(**	
Preis etwa (DM)	12.350 (1957)	16.200 (Mit Motorzapfwelle,1958)		12.887	

(* Der Prüfbericht des KTl bezieht sich auf das Vorgängermodell, den F3L514/51 42 PS, 1951-56

(** Ein KTL-Prüfbericht des Eicher ED 40 liegt nicht vor

Deutz D40 S in einem Prospekt von 1959

	Hanomag R 435/45	IHC McCormick D 440	MAN D 40 A	Porsche-Diesel Super N 308	Schlüter AS 402
Baujahre	1957-60	1958-59	1956-57	ab 1957	9/58-6/59
Motor	D 28 LAR 35/45	DD – 132 S	9624 M-113	F 308	ASM 400
Bauart	4-Zyl.-Viertakt, WK mit Roots-Aufl.	4-Zyl.-Viertakt, WK mit Roots-Aufl.	4-Zyl.-Viertakt, Direkt-Einspritzer, M-Verf.	3-Zyl.-Viertakt, WK	2-Zyl.-Viertakt, Direkteinspritzung
Kühlung	Wasserumlauf	Wasserumlauf	Wasserumlauf	Luft/Axial	Wasseruml.
Bohrung/Hub	90/110 mm	82,6/101,6	96/120 mm	95/116	115/155 mm
Hubraum	2.799 cm³	2.175 cm³	3.470 cm³	2.467 cm³	3.990 cm³
Leistung	35/45 PS	40 PS	40 PS	38 PS	45 PS
Nenndrehzahl	1.600 U/min	1.900 U/min	1.800 U/min	2.000	1.650 U/min
Verdichtung	18:1	19:1	19:1	19:1	18:1
Getriebe	Hanomag	IHC	ZP	ZF, Getrag o. Porsche	Hurth
Bauart	5 V/1 R (a.W. 10V/2 R)	Agriomatic (8V/2 R)	A 16 (5 V/2 R/4+1 K)	5 V/1 R/1 K	G 806 (6 V/1 R)
Bereifung v/h	6.00-20/9-42 o.11.38, 12.75-28, 13-30	6.00-16/11-36	6.50-20/13-30	diverse	diverse
Länge (mm)	2.830-3050	3.010	3.600	2.910	3.230
Radstand	1.850	1.880	2.215	1.680-1.820	2.155
Bodenfreiheit	360-450	427	400	430	345-455
Eigengewicht	2.020-2.122	1.886 kg	2.620 kg	1.615 kg	2.200 kg
Achslast v/h	1.000/1900 kg		962/1.658 kg	615/1.000	1.200/1.800
zul.Ges.gew.	2.600 kg		3.600 kg		3.950 kg
max.Zughakenkraft (kg)					
Preis etwa (DM)		12.625 (1958)	14.950 (1957)	10.180 (1958)	11.480 (1958)

Porsche Diesel Super in einem Prospekt von 1958

Prospekt, Ende der fünfziger Jahre, für die Lanz Motorbremse

Prospekt für den Lanz Diesel 40 PS von 1959

. . . mit dem modernen LANZ-Diesel 40 PS

Doppelte Sicherheit, weil er

- mit einem vollen Jahr Garantie geschützt ist.
- mit dem Namen LANZ einen schlagkräftigen Kundendienst und eine zuverlässige Ersatzteilversorgung verbürgt. Das gilt seit der Verbindung mit der Weltfirma John Deere erst recht für die Zukunft!

Doppelte Freude, weil er

- nachweisbar so zugkräftig und sparsam ist, daß bei allen Arbeiten die Unkosten radikal abgebaut werden.
- modernen Fahrkomfort, ansprechendes Äußeres und Vielseitigkeit bietet.

Weniger Unkosten, weil der D 4016 die Kraft seines 40-PS-Dieselmotors mit Mehrzylindereffekt besonders gut auf den Boden bringt und dadurch wertvolle Kraftreserven bietet. Grund: Keine Richtungsänderung des Kraftflusses im Getriebe, günstige Abstimmung von Schleppergewicht, Achsabstand, Reifengröße, Schwerpunkt.

Weniger Unkosten, weil der Kraftstoffverbrauch beim D 4016 besonders niedrig ist. Grund: Zweitakt-Mitteldruck-Verfahren, hohes Luftvolumen, saubere Spülung, direkte Strahleinspritzung in kegeligen Verbrennungsraum, hoher mittlerer Kolbendruck und geringe Kolbengeschwindigkeit.

Größere Wirtschaftlichkeit, weil beim LANZ-Diesel die Gangabstufung genau den Erfordernissen der Praxis entspricht und damit stets wirtschaftlichen Einsatz sichert.

Mehr Fahrkomfort durch leichte Lenkung, geräumige Plattform, übersichtliches Armaturenbrett, spielend leichte Schaltung, ruhigen Motorlauf. Stöße beim Fahren „verschluckt" der medizinisch geprüfte Gesundheitssitz mit schwingungsdämpfender Parallelführung.

Vielseitigkeit durch Motor- oder Getriebe-Zapfwelle, Dreipunkt-Hydraulik höchster Leistung, Frontlader, Hecklader, Seilwinde, versetzbare Riemenscheibe und zahlreiche andere Sonderausrüstungen. Ein praktisches und schönes Verdeck schützt gegen Wind und Wetter.

Guter Start

Der elektrische Starter und zwei Glühkerzen sichern schnellen Diesel-Start auch bei großer Kälte.

Geringer Verschleiß

Die Thermosyphon-Kühlung schützt den Motor gegen Überhitzung und Wärmespannung. Sie arbeitet **ohne** Pumpe, Antrieb und Thermostat und vermeidet nach kurzen Arbeitsunterbrechungen einen Kaltstart. Stets neues Öl durch die Frischöl-Umlaufschmierung. Das niedrige Verdichtungsverhältnis von 1:12 macht den LANZ-Diesel-Zweitakter besonders unempfindlich.

Schnelles Wenden

Bei der Arbeit mit Mähdrescher, Feldhäcksler oder Anbaupflug verkürzt der kleine Wenderadius von 3,60 m (ohne Benutzung der Lenkbremse!) die Arbeitszeit.

Hangsicherheit

Die günstige Schwerpunktlage, auch bei schwerem Zug, vermeidet ein Aufbäumen des D 4016 und macht ihn außerdem hangsicher.

Ruhiger Lauf

Im Gegensatz zum alten Bulldog mit Glühkopfmotor zeichnet sich der D 4016 mit Dieselmotor durch geringe Fahrgeräusche und ruhigen Lauf des Motors im Stand aus.

UND VERBINDUNG

LANZ / JOHN DEERE

= DOPPELTE SICHERHEIT

Neue Motorzapfwelle mit Klauen- und Überholkupplung

Mit der Motorzapfwelle schonen Sie das Getriebe dieses Schleppers. Sie erreichen ein sofortiges Anhalten, ohne daß der LANZ-Diesel durch die Schwungmasse des Anhängegerätes weitergeschoben wird.

blau = Gegenklaue, gelb = Klaue, rot = Zahnrad

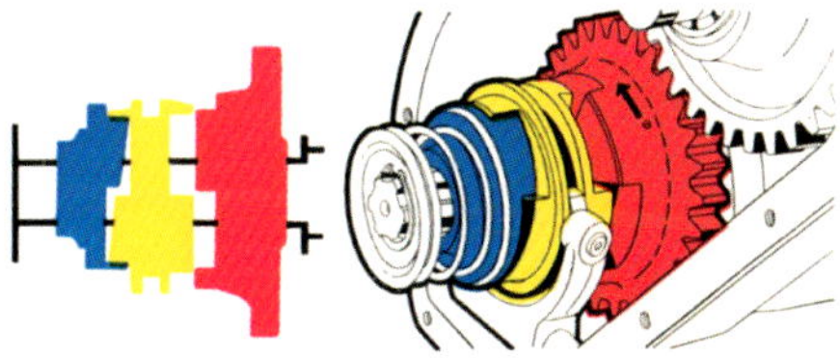

Es findet keine Kraftübertragung statt. Ausgeschaltete Zapfwelle: Die Klaue ist mit dem Zahnrad NICHT im Eingriff, während sie mit der Gegenklaue in VOLLEM Eingriff ist.

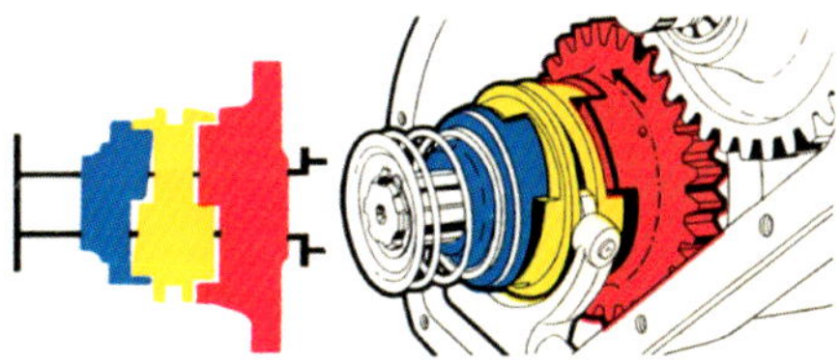

So wird die Zapfwelle beim Antrieb von Spateneggen, Fräsen, Rotor-Krümlern usw. sowie beim Antrieb der Riemenscheibe geschaltet. Schaltung für kleinere Schwungmassen: Die Zapfwelle ist starr geschaltet. Die Klaue ist mit dem Zahnrad HALB und mit der Gegenklaue VOLL im Eingriff.

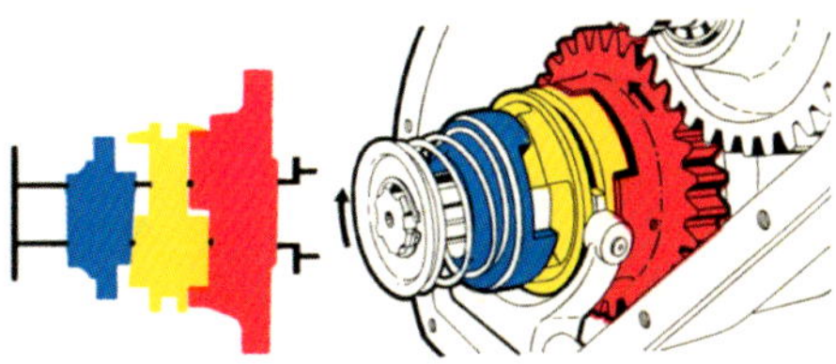

Mähdrescher, Pressen und Feldhäcksler können sich wegen der Überholklaue nicht als schiebende Kraft auf das Getriebe auswirken. Schaltung für große Schwungmassen: In Überholschaltung ist die Klaue mit Zahnrad VOLL und Gegenklaue HALB im Eingriff.

Schwenkbare Anhängevorrichtung (Zugpendel)

Hydraulischer Kraftheber mit Dreipunktaufhängung

Pendelvorderachse mit Einzelradfederung

Kennen Sie dieses Gefühl?

LANZ-DIESEL

der einzige Schlepper mit Motorbremse!

Die Motorbremse bietet jedem Schlepperfahrer die höchste Sicherheit! Doppelte Nutzung der Motorkraft: hohe Zugleistung an Steigungen, hohe Bremsleistung auf Gefällestrecken! Mit einem mühelosen Fingertip wird die Bremswirkung stufenlos reguliert. Die mechanischen Bremsen werden geschont. Dadurch noch mehr Sicherheit: kein Nachlassen der Bremswirkung durch heißgelaufene Bremsen, kein Blockieren der Räder! Die Differential-Wirkung wird auch beim starken Motorbremsen nicht aufgehoben. Dadurch bleibt die Steuerfähigkeit bei Kurvenfahrt erhalten. Die Motorbremse ist stets einsatzbereit, sie ist verschleißfest und wartungsfrei. Sie verringert den Kraftstoffverbrauch und senkt die Reparaturkosten.

Die Motorbremse ist eine willkommene Ergänzung zu den gesetzlich vorgeschriebenen Bremsen.

Auch auf ebener Straße kommen die Vorteile der Motorbremse voll zur Wirkung!

TECHNISCHE DATEN DES LANZ-DIESEL D 4016

BAUART

Block-Konstruktion

Länge	3,16 m	Spurweite	1,42 m
Breite	1,73 m	Radstand	1,95 m
Höhe (ohne Dach)	2,08 m	Wendekreis-Halbmesser	3,60 m
Bodenfreiheit	0,41 m	Eigengewicht	2650 kg

MOTOR: Wassergekühlter Einzylinder Zweitakt LANZ Dieselmotor 40 PS mit lastabhängigem Drehzahlregler

Bohrung	160 mm	Hubraum	4220 ccm
Hub	210 mm	Drehzahl	1000 U/min

KRAFTSTOFF: Handelsübliche Dieselkraftstoffe, Gas- und Paraffinöle
KRAFTSTOFFVERBRAUCH: Durchschnittlich ca. 2,4 bis 3,6 l/h
SCHMIERUNG: Frischöl-Druckschmierung für Motortriebwerk
Hochdruck-Fettschmierung für übrige Teile
WASSER-UMLAUF-KÜHLUNG
GETRIEBE: 6 Vorwärtsgänge und 2 Rückwärtsgänge

Geschwindigkeiten bei Bereifung 11–38 AS:

1. Gang	3,5 km/h	5. Gang	14,2 km/h
2. Gang	5,4 km/h	6. Gang	19,5 km/h
3. Gang	7,5 km/h	1. Rückwärtsgang	5,4 km/h
4. Gang	9,3 km/h	2. Rückwärtsgang	14,2 km/h

GRUNDAUSRÜSTUNG

Pendelachse vorn · Spurweite vorne 1310–1550 mm, hinten 1424–1552 mm · Kotflügel hinten mit Beifahrersitz

Verstellbarer Wannensitz mit Gummifederung · Drückvorrichtung an der Vorderachse Gefederte, höhenverstellbare Wagen-Anhängevorrichtung

IN HÖHE UND FAHRTRICHTUNG VERSTELLBARE ANHANGESCHIENE für Geräte Hinterrad-Fußbremse, zugleich Einzelrad-Lenkbremse · Getriebe-Handbremse, feststellbar · Hand- und Fußhebel für Drehzahleinstellung · Ölbad-Luftfilter · Kühler-Rollo · Beleuchtungsanlage · Fernlichtkontrolle · Lichtmaschine 12 V, 130 W · Batterie 12 V, 70 Ah · Bremslichtanlage mit Steckdose für Anhängerbeleuchtung · Signalhorn · Handanwerfvorrichtung · 1 Satz Werkzeuge

MINDEST-LIEFERUMFANG

ELEKTR. PENDELSTARTER mit elektr. Glühvorrichtung 12 V
KÜHLWASSER-FERNTHERMOMETER
ZAPFWELLE nach Norm, 542 U/min, für volle Motorleistung ($1\frac{3}{4}$" – 36 x 44,5 mm)
BEREIFUNG: vorn 6,00–20 (AS Front), hinten 11–38 oder 13–30 (AS)

SONDERAUSRÜSTUNG

VORDERACHSE mit Einzelradfederung (nur bei Mitlieferung)

HYDRAULISCHER KRAFTHEBER (Hochdruck-Hydraulik 140 atü – 985 mkg Arbeitsvermögen) mit doppelt wirkendem Arbeitszylinder und Dreipunkt-Aufhängung einschließlich seitlicher und senkrechter Versteifung

NORMALE ANHANGESCHIENE für mit Dreipunkt-Aufhängung ausgerüstete Schlepper, in Höhe und Fahrtrichtung verstellbar

SCHWENKBARE ANHANGEVORRICHTUNG (Zugpendel) mit normaler Anhängeschiene und der Dreipunkt-Aufhängung leicht austauschbar

DIFFERENTIALSPERRE · MOTOR-ZAPFWELLE (kupplungsunabhängig)

KRIECHGANGUNTERSETZUNG ([0,65] 1,3; 2,0; 2,7 km/h; R – 1,98)

REDUZIERSTÜCK von Zapfwellenprofil $1\frac{3}{4}$" – 36 x 44,5 mm auf 29 x 35 mm oder 36 x 42 mm

ALLWETTER-VERDECK, leicht abnehmbar und abgefedert, bestehend aus: Windschutzscheibe aus Sicherheitsglas, Dachbespannung und winddichtem Abschluß nach vorn aus Autoköperstoff, elektr. Scheibenwischer, Blinklicht und Rückspiegel

ZUSÄTZL. SEITENVERKLEIDUNG aus Autoköperstoff mit Plastikfenstern

RÜCKENVERKLEIDUNG einschl. 2 Rückspiegel

RIEMENSCHEIBE hinten mit Zapfwellenverlängerung ⌀ 240 mm, nach Wahl 16,6 m/sec oder 20,0 m/sec

VORDERRAD-KOTFLÜGEL · REIFENFÜLLPUMPE mit Schlauch · SITZPOLSTER

GITTERRÄDER, vorn für Bereifung 6,00–20, hinten für Bereifung 11–38 und 13–30

ZUSATZGEWICHTE:

a) für Belastung der Vorderachse 70 kg und 120 kg

b) für Vorderräder 2 Stück (außen) à 70 kg – 140 kg, zusätzl. 2 Stück (innen) à 45 kg – 90 kg (nur bei Ausrüstung mit gefederter Vorderachse)

c) für Hinterräder 2 Stück à 114 kg – 228 kg, dazu passend 2 Stück à 80 ka – 160 kg, 4 Stück à 80 kg – 320 kg, 6 Stück à 80 kg – 480 kg

HEINRICH LANZ MANNHEIM
AKTIENGESELLSCHAFT

13 636/II jak

Winterdiensttechnik für St. Petersburg

Deutsche Traktoren helfen beim Schneekehren und Räumen

von Dr. Heinrich Ostarhild und Eduard Keller

Die Viereinhalb-Millionen-Stadt St. Petersburg am östlichen Zipfel der Ostsee ist nach Moskau zweitgrößte Stadt Russlands, sie ist vielen Leuten noch unter dem Namen „Leningrad“ bekannt, den sie in der sowjetischen Zeit von 1917 bis 1991 trug. St. Petersburg braucht regelmäßig mehrere Monate lang – meist von Oktober bis April – eine ausgefeilte, mehrstufige Winterdiensttechnik, um Versorgung und Verkehrssicherheit für Industrie, Verwaltung und Bevölkerung sicherzustellen.

Dazu unterhalten die sieben Verwaltungsbezirke der riesigen Metropole eigene Fuhr- und Maschinenparks sowie Spezialwerkstätten. Angesichts des erheblichen Technik-Bedarfs werden von Zeit zu Zeit nationale oder internationale Ausschreibungen für schwere Lastwagen, Räumgeräte, Schneeverlademaschinen und sonstige Technik veranstaltet. Dann werden nicht nur St. Petersburger Firmen sondern auch Handelshäuser wie Merkator in Moskau angesprochen. Und gelegentlich haben die anbietenden Lieferfirmen selbst herauszufinden, wo die wirklich wichtigen Entscheider sitzen.

Zu den Vorzügen der Allrad-Frontsitz-Knicklenker

In der Entwicklungsgeschichte der Traktoren hat es die verschiedensten Positionen der Fahrersitze gegeben. Da gab es mal einen Deutz-Intrac mit Fahrersitz vorn. Der erfolgreichste Frontsitzer dürfte der Unimog sein, dessen sechzigjährige Geschichte, die einst mit 25 PS begann und heute bei über 200 PS liegt, im Unimog-Museum in Gaggenau sehr anschaulich dargestellt ist. Als Holder 1954 mit seinem ersten 10 PS-Allrad Schmalspurknicklenker für den Weinbau kam, war dieser der erste Vierradschlepper, der überhaupt in den damaligen Einmeter-Reihen fahren konnte: Ein solcher A 10-Veteran steht heute im Metzinger Kunden-Center. Ein paar Meter daneben steht ein 80-PS Frontsitz-Knicklenker vom Typ M 480, von dem Holder im Herbst 2010 eine Serie von 70 Fahr-

Anfang September 2010 wurden die ersten Lastzüge mit Fahrzeugen und Geräten auf dem Fabrikhof verladen

Ein 80 PS M 480 Frontsitz-Knicklenker mit Räumschild zwischen zwei Schneetransport-Lastwagen mit hohen Bordwänden

Ein Kollege schaut erst mal, was auf dem Typenschild des 45 PS Holder-Fahrzeugs steht. Links ein Schlepper mit Frontlader

Schwer zu lesen für die russischen Winterdienst-Fahrer: Dieser Spezialschlepper kommt tatsächlich aus Deutschland

zeugen nach St. Petersburg liefern konnte, zusammen mit weiteren 40 Stück 45-PS Allrad-Kommunaltraktoren vom Typ C 245. Das dürfte der größte Frontsitzer-Auftrag sein, den Holder jemals bekam.

Solche Entwicklungen sind bekanntlich kein Zufall. Die sprichwörtliche Wendigkeit der damals 10 PS Holder-Knicklenker ermöglichte es den Winzern aus einer Rebzeile heraus und in die übernächste Zeile direkt einfahren zu können, ohne zurückstoßen zu müssen. Die heute aktuellen 80 PS Frontsitzer-Knicklenkertraktoren fahren mit ihrem Frontkehrmaschinen auf den St. Petersbuger Bürgersteigen zeitsparend direkt um die Ecke, und dies häufig unter beengten Verhältnissen durch hohe Schneewälle. Die russischen Fahrer haben sich rasch daran gewöhnt, dass bei den neuen Traktoren keine Motorhaube die Sicht auf die Frontgeräte stört.

Freilich bestehen himmelweite Unterschiede zwischen 1954 und 2010. Die modernen Fahrzeuge sind mit Öl-Luft-gekühlten Vierzylinder-Deutz-Motoren beziehungsweise wassergekühlten Vierzylinder-Kubota-Motoren solide motorisiert. Geblieben sind Hauptmerkmale wie: Allrad-Antrieb auf vier gleichgroßen Rädern, Knicklenkung, gute Achslastverteilung vorn und hinten sowie die gleiche Spur vorn und hinten – vorteilhaft im Gelände wie im Schnee. Von manchen Spezialisten wird dies die Gleichspur-Lenkung genannt. War der A 10 ein Vier-Gang- „Schönwetter-Kleintraktor", so handelt es sich bei den M 480 und C 245 Fahrzeugen um Komfort-Kabinen-Schlepper für den Ganzjahres-Einsatz, die mit bis zu 40 km/h Transportgeschwindigkeit zu ihren Arbeitsbereichen fahren.

Im Kommunalbereich kommt als vielleicht entscheidender Vorzug der Frontsitzer die exzellent gute Sicht auf die Frontanbaugeräte dazu. Die wird noch unterstützt durch die weit nach unten heruntergezogenen Front- und Seitenfensterscheiben. Auch nach hinten ist die Sicht gut, sodass man von einer erstklassigen Rundumsicht sprechen kann.

Für schwierige Verhältnisse lassen sich die Differenzialsperren für die Vorder- und Hinterachsen per Kippschalter sekundenschnell zuschalten. Mit zwei großvolumigen Hydraulikzylindern wird auch bei schweren Anbaugeräten im Gelände oder im Schnee sicher gelenkt, ein serienmäßig eingebauter „Radlast-

Mit dem breiten Räumschild kommen die Traktoren nur knapp in die Garage hinein

ausgleich“ sorgt beim Lenken mit gewichtiger Last dafür, dass alle vier Räder voll auf dem Boden aufliegen. So bereitet auch das Überfahren von Bordkanten kein Problem. Dieser „Radlastausgleich“ wurde seinerzeit von Fritz Braun für die sichere Fahrt im Weinbau am Schräghang erfunden. Die großzügig ausgelegten Tankinhalte von 60 beziehungsweise 27 Litern ermöglichen lange Arbeitstage.

Im September 2010 wurden Fahrzeuge und Geräte verladen

Zur Ausschreibung, die Holder im Mai 2010 gegenüber internationalem Wettbewerb gewonnen hatte, gehörten schnelllaufende Front-Kehrmaschinen sowie hydraulisch verstellbare Schneeräumschilde. Solche Anbaugeräte wurden von der Firma GMR-(Gunnar Möller Rasmussen) beziehungsweise Stensballe aus Horsens in Dänemark zugeliefert.

So sammelten sich auf dem Metzinger Fabrikhof die jeweils 110 Stück Anbaugeräte, damit die zusammen mit den Fahrzeugen aus der Holder-Montage verladen werden konnten. Es ergab sich, dass drei Traktoren mit den dazugehörigen Kehrmaschinen und Räumschilden auf einen der litauischen fünfachsigen Sattel-Züge passten. Alles in allem waren schließlich 35 Lkw-Ladungen abzufertigen. Für die mehr als 2000 Kilometer lange mehrtätige Fahrt wurden Fahrzeuge und Geräte sorgfältig verzurrt und verkeilt. Hochbetrieb also für die Versandabteilung in Metzingen, zumal an manchen Tagen im September und Oktober drei Lastzüge zu beladen waren, um den auf den 31. Oktober festgelegten Termin zu halten.

Willkommene Ergänzung für die St. Petersburger Bauhöfe

Zur Einweisung des dortigen Personals hatte Holder einen versierten Mitarbeiter mitgeschickt, der fließend russisch spricht. Das waren erlebnisreiche und ereignisreiche Tage für Eduard Keller und seinen dänischen Kollegen Christian Jorgensen, den GMR-Stensballe seinerseits beauftragt hatte.

In den verschiedenen St. Petersburger Bauhöfen ging es ziemlich unkompliziert zu. Allgemein wurde die Verstärkung der Schneeräum-Kapazitäten von den russischen Stadtwerkern sehr begrüßt, einige von ihnen hatten so kleine und doch so leistungsfähige, komfortable und schnelle Fahrzeuge zur Räumung der Bürgersteige noch nie gesehen. So standen die Holder-Frontsitzer bald ganz ungezwungen zwischen den großen Lkw für die Schnee-Abfuhr. Für die Schneeräumung auf den kilometerlangen Fahrbahnen verfügen die Russen über spezielle Schneelader, die den Schnee während der Fahrt von hinten auf die Lkw werfen.

Nach einer Frostnacht müssen die Kabinenfenster erst einmal von innen richtig aufgetaut werden

Keiner kommt so direkt und schnell um die Häuserecken herum wie die Knicklenker aus Metzingen

Die einzelnen Stadtbezirke haben ihre neuen Fahrzeuge gekennzeichnet und nummeriert

Eben wurde das Räumschild abgebaut und schon kann die Frontkehrmaschine angeschlossen werden

Weniger komfortabel war die Unterbringung der neuen Fahrzeuge, die zwischen den Lastwagen und Großtraktoren mit Frontladern abgestellt wurden. An Garagen ist meist nicht zu denken, nur wenn es bei starkem Frost um Wartung und Reparatur ging, konnte man in eine Werkstatt hineinkommen. So wurden etwa einige zu breit räumende Räumschilde mit Schneidbrennern auf schmalere Räumbreite gekürzt. Nach Betriebsstunden gerechnet, kamen die Frontkehrmaschinen deutlich mehr zum Einsatz als die Räumschilde. Häufig gibt es lang anhaltenden leichten Schneefall. Wenn man dann ständig kehrt, kann man vielleicht auf die aufwendigere Arbeit mit Räumschild verzichten. Eduard Keller berichtete, dass dann die Schneekehrer zeitweise im acht Stunden-Dreischichtbetrieb unterwegs waren. Das hatte sich als zweckmäßig erwiesen, damit sich keine höheren und dann schwer zu räumenden Schneedecken bildeten. So blieb es nicht aus, daß die Fahrer manchmal nur zum Tanken in die Bauhöfe kamen.

Sonntagsausflug zum Kriegsschiff „Aurora", das bei der Oktober-Revolution 1917 eine wichtige Rolle spielte

Als Abschluss sei vermerkt, daß dieser Bericht nach Lage der Dinge nicht von einem einzelnen Verfasser geschrieben werden konnte. In alphabetischer Reihenfolge seien genannt: Fritz Braun leitet seit vielen Jahren Entwicklung und Konstruktion des Fahrzeugbaues bei Holder in Metzigen, Auswahl und Anpassung der Arbeitsgeräte von Zulieferanten werden von seinen Mitarbeitern vorgenommen. Karl-Wilhelm Hundertmark ist Holder-Vertriebsleiter Inland/-Export und ist mit seiner Abteilung intensiv unter anderem auch in das Ost-Europa-Geschäft eingebunden. Eduard Keller entwickelte sich dank seiner technisch-praktischen Mechaniker-Fähigkeiten und seiner Sprachkenntnisse rasch zum gefragten Partner der russischen Kunden, ihm verdanken wir auch die Fotos. Heinrich Ostarhild war langjähriger Holder-Mitarbeiter und betreut zeitweilig die Metzinger Oldtimer-Sammlung und das Foto-Archiv. Als die St. Petersburg-Fotos einzuordnen waren, fing er an zu schreiben.

Die GMR-Stensballe-Frontkehrmaschinen waren nicht selten rund um die Uhr im Dauereinsatz

Die meisten Fahrzeuge wurden im Freien abgestellt, Garagen waren Mangelware

Südzucker betaking 3000

Ein Beitrag zur Revolutionierung der Rübenernte und -Abfuhr

Spurrillen bei einreihiger Ernte

von Dr. Hans Irion und Eugen Eben

Ende der 1960er Jahre war bereits erkennbar, dass die Entwicklung der damals dominierenden einreihigen Bunkerköpfroder in einer Sackgasse enden würde. Die Bindung eines zugstarken Schleppers während der Herbstmonate, der hohe Arbeitsaufwand und die damit verbundene geringe Arbeitsproduktivität, sowie die ungenügende Auslastung der Maschinen, machten die Zuckerrübenernte für viele Betriebe im Südzuckereinzugsgebiet zu einer erheblichen finanziellen und arbeitswirtschaftlichen Belastung.

Auch das in Frankreich, Belgien, Holland, den USA und in Osteuropa praktizierte sechsreihige, absätzige Ernteverfahren konnte für den süddeutschen Rübenanbau keine Lösung bringen. Die kleinen, in Streulage befindlichen Schläge machten Anroden, Umsetzen und die Koordinierung von Köpf-, Rode-, Lade- und Transporteinheiten nicht nur schwierig, sondern teilweise unmöglich, das heißt auch für dieses System gab es, objektiv betrachtet, wenig Chancen, zumal mit diesem Ernteverfahren auch keine wesentliche Steigerung der Arbeitsproduktivität im Vergleich zum einreihigen Verfahren zu erzielen war.

Einreihiger Rüben-Vollernter

Absätziges Ernteverfahren

Laden der Rüben

Prototyp Duquenne ...

Diese Erkenntnisse gipfelten bei Südzucker in der Sorge, dass ohne ein leistungsfähigeres und kostengünstigeres Ernteverfahren der Rübenanbau in bestimmten Gebieten, vor allem zugunsten vom Körnermaisanbau eingeschränkt oder nicht in dem erforderlichen Umfang ausgeweitet werden könnte.

Man war deshalb bei Südzucker fest entschlossen, eine einsatzsichere, für den überbetrieblichen Einsatz prädestinierte, mehrreihige Ein-Mann-Maschine mit hoher Arbeitsproduktivität zu entwickeln und zu fördern. Vorbild war der selbstfahrende Mähdrescher, das heißt die Maschine musste einen Rübenbunker haben und auch zum Anroden kleiner Schläge geeignet sein. Hilfe bei der Entwicklung einer solchen Maschine war Anfang der 1970er Jahre von der Landmaschinenindustrie nicht zu erwarten. Die Roderhersteller befürchteten drastische Umsatzeinbußen. Sie meinten, dass „der Markt für Großmaschinen infolge kleiner Stückzahlen gering sein werde. Die Herstellung bringe für die Landmaschinenhersteller Risiken, die kaum übernommen werden könnten".

Es war ein glücklicher Zufall, dass Ende der 1960er Jahre der Landmaschinenmechaniker Duquenne aus dem belgischen Dorf Gaurain-Ramecroix mit finanzieller Unterstützung der Zuckerfabrik Raffinerie Tirlemontoise einen sechsreihigen, selbstfahrenden Einmann-Bunkerköpfroder bauen konnte.

... Maschine mit sechsreihigem Exakt-Köpfer

Blattablage in Querschwad

Maschine mit Blattschlegler

Rodeaggregat hinter den Vorderrädern

Diese Maschine hat Südzucker 1971 gekauft und in Bayern in der Nähe von Landshut im Rahmen eines Maschinenrings erstmalig eingesetzt. Die „Weltneuheit" hatte vor der starren Vorderachse, auf der sechs Antriebsräder montiert waren, sechs mit Radtastern ausgerüstete Exaktköpfer. Das unzerkleinerte Blatt wurde hinter den Köpfern zur Maschinenmitte und über ein Band unter der Maschine hindurch in einen Blattbunker transportiert und im Querschwad abgelegt. Die Rüben wurden mit Polderscharen hinter den vorderen Antriebsrädern gerodet, mit Siebsternen gereinigt und transportiert sowie mit Elevatoren in den Bunker der Maschine gefördert.

Die mit den ebenfalls angetriebenen Hinterrädern gelenkte Einmann-Maschine erfüllte somit weitgehend die Vorstellungen der von Südzucker angestrebten „Idealmaschine".

Die für den Einsatz der Maschine geeignete Organisationsform sollte durch einen von Südzucker an IBM erteilten Forschungsauftrag ermittelt werden. Das von IBM erstellte Logistikkonzept aus dem Jahre 1970/71 war seiner Zeit voraus. Südzucker hat die Einsatzleitung für die Maschine dem Maschinenring Landshut in Bayern übertragen.

Die Rodebedingungen waren 1971 recht günstig. Das hatte zur Folge, dass mit dem Prototyp der Duquenne-Maschine, trotz mancher technischen Probleme, rund 170 ha Zuckerrüben geerntet werden konnten. Ermutigt durch diesen Erfolg hat sich Südzucker entschlossen, 1972 vier weitere Duquenne-Maschinen nachzubauen. Die Fertigung erfolgte in der Zuckerfabrik in Rain/Lech. Konzeptionelle Änderungen gab es lediglich bei der Köpfvorrichtung. Die Exaktköpfer mit Radtastern wurden durch einen Blattschlegler sowie Nachköpfer mit Schleiftastern ersetzt. Der störanfällige Blatttransport durch die Maschine ist dadurch entfallen.

Die Duquenne-Maschinen kamen 1972 in der Pfalz und in Bayern zum Einsatz. Die Witterungsbedingungen waren ungünstiger als 1971. Es zeigte sich immer deutlicher, dass die Duquenne-Maschinen einen entscheidenden Nachteil hatten: Die Rodung erfolgte hinter den zwischen den Rübenreihen laufenden sechs Vorderrädern. Bei feuchten Böden verfestigten die Räder die Erde und drückten sie seitlich an den Rüben fest. Die Erde war nicht mehr siebfähig, sie wanderte mit den Rüben auf die Siebsterne und landete vielfach im Bunker. Häufig kam es zu Verstopfungen der Transportwege. Die Duquenne-Maschinen waren, das war nach der Kampagne 1972 gewiss,

„Schönwetter-Maschinen". Das Ziel, eine einsatzsichere, wetterunabhängige Maschine zu bauen, war mit diesem Maschinenkonzept nicht zu erreichen. Die unmittelbar an der Maschinenentwicklung Beteiligten waren davon überzeugt, dass die Betriebssicherheit, vor allem bei ungünstigen Erntebedingungen, nur mit einer Rodung aus der Gare zu erreichen war. Das Köpf- und das Rodeaggregat mussten vor der Vorderachse angebracht sein, da sich nicht verfestigter, garer Boden, auch in feuchtem Zustand abreinigen läßt.

1972 hat der bayerische Landwirt Paintner ebenfalls einen sechsreihigen Bunkerköpfroder konstruiert. Auch hier waren die Rodeorgane mit all den Nachteilen zwischen den Vorder- und den Hinterrädern angebracht.

Da Südzucker an der Entwicklung leistungsfähiger sechsreihiger Bunkerköpfroder interessiert war, wurde mit Paintner ein Kooperationsvertrag abgeschlossen. Die Zusammenarbeit hat sich 1973 durch die Bildung einer Rodegemeinschaft „Paintner" intensiviert. Der Verband Süddeutscher Zuckerrübenanbauer, Frankenzucker und Südzucker haben sich als fördernde Mitglieder an der Gemeinschaft beteiligt und zur Finanzierung der Roderentwicklung von Paintner beigetragen. Durch die vertraglichen Vereinbarungen und die finanzielle Unterstützung gab es zwischen Südzucker und Paintner, sowie später auch mit Holmer einen regelmäßigen Gedankenaustausch. Auch mit den führenden Roderherstellern in Deutschland und Frankreich sowie den Wissenschaftlern vom Institut für Landtechnik in Bonn gab es regelmäßig Gespräche über Entwicklungsmöglichkeiten von sechsreihigen Bunkerköpfrodern. Südzucker war daran gelegen, die Erntemaschinenentwicklung möglichst rasch auf breiter Front voranzubringen. Deshalb hat man als landtechnischen Berater Prof. Knolle, der auch den Roderhersteller Kleine, Salzkotten, beraten hat, engagiert.

Bei der entscheidenden Frage, ob ein sechsreihiges Roden aus der Gare möglich ist, vertrat Knolle die Auffassung, dass dies wegen der großen Kopflastigkeit und der zu erwartenden Belastung der Vorderachse technisch nicht zu realisieren ist.

Trotz dieser Aussage erhielt die Arbeitsgruppe „Erntetechnik" vom Südzucker-Vorstand „grünes Licht" für den Versuch, die Idee vom sechsreihigen Roden aus der Gare zu verwirklichen.

Auf der Suche nach einem geeigneten Rodeaggregat, das auch bei schwierigsten Einsatzbedingungen

Paintner Vollerntemaschine

Schlegler und Roder vor der Vorderachse

Prototyp betaking

Paintner/Holmer Vierachser-Rübenvollernter ...

... mit vier gelenkten Achsen

Oppel-wheel-Radschar

störungsfrei arbeitet, hat sich Südzucker für Radschare, von denen jeweils ein Schar je Paar angetrieben war, entschieden. Diese sogenannten „Oppel-wheels" waren in mehrreihigen Maschinen in den USA, in England und in der „Ostblockmaschine KS 6" eingebaut. Auch die in diesen Maschinen zur Quer- und Längsförderung sowie zur Reinigung der Rüben verwendeten Siebwalzen hat Südzucker übernommen.

Zur Ernte 1974 war der erste Prototyp einsatzbereit. Der „betaking" war geboren. Er war der weltweit erste sechsreihige Bunkerköpfroder, bei dem Köpf- und Rodeaggregat mit Radscharen vor der Vorderachse montiert waren. Der Traum vom sechsreihigen Roden aus der Gare war Wirklichkeit geworden.

Paintner und Holmer hatten zur Kampagne 1974 ebenfalls eine neue Maschine entwickelt. Auch diese hat sechsreihig aus der Gare gerodet. Sie haben sich bei ihrer vierachsigen Maschine für die bekannten Polderschare zum Roden und Siebsterne für den Transport und die Reinigung der Rüben entschieden. Auch diese Maschine war eine „Weltpremiere".

Der Prototyp vom „betaking 3000" hat gezeigt, dass der eingeschlagene Weg richtig war. Die Maschine arbeitete 1974 auf den verschiedensten Böden und bei unterschiedlichsten Einsatzbedingungen weitgehend störungsfrei. Die den Rüben anhaftende Erd ließ sich mit Siebwalzen und -ketten unabhängig vom Feuchtigkeitsgehalt gut abreinigen. Verstopfungen bei Radscharen und Siebwalzen auch bei aufgeweichten Böden und stark verunkrauteten Beständen waren so gut wie unbekannt. Das Problem der Kopflastigkeit und der Belastung der Vorderachse ließ sich durch technische Maßnahmen lösen. Vier großvolumige Räder auf der Vorder- und zwei auf der Hinterachse haben das Maschinengewicht gleichmäßig abgestützt, der Bodendruck war dadurch entsprechend gering.

Aufgrund der positiven Erfahrungen mit dem Prototyp im Jahre 1974 und in der Gewissheit, die Rübenernte mit diesen Maschinen zu revolutionieren, konnte 1975 die erste betaking-Maschine als 0-Serie gebaut werden. Diese kam 1975 innerhalb der bayerischen Maschinenringe von Donauwörth/Neuburg, Landshut und Landau zum Einsatz. Die Maschine hat die in sie gesetzten Erwartungen voll erfüllt.

Bei der internationalen Rübenerntemaschinenvorführung 1975 in Seligenstadt bei Würzburg war die betaking-Maschine an dem vom Institut für Landtechnik Bonn durchgeführten Maschinenvergleich beteiligt. Sie hat u.a. beim Erdanhang, den Rodeverlusten, dem Gesamtmasseverlust und der Bruchflächensumme auf Anhieb besser abgeschnitten als der Durchschnitt der einreihigen Bunkerköpfroder, die bis dahin das Maß aller Dinge waren.

1976 begann bei Südzucker die Serienproduktion. In diesem Jahr wurden vier betaking-Maschinen gebaut, die in Süddeutschland und bei der Zuckerfabrik Tulln in Österreich zum Einsatz gekommen sind.

Großvolumige Antriebsräder bei betaking

betaking im Einsatz

Die durchschnittliche Kampagneleistung je Maschine lag bei rund 300 ha. Dieses Ergebnis konnte trotz der verhältnismäßig kleinen Rübenschläge, den weiten Wegen von Einsatzort zu Einsatzort und der Blattbergung auf rund 40 Prozent aller Schläge erreicht werden. Auf der DLG-Ausstellung 1976 in München war erstmalig und als Messeneuheit der sechsreihige Bunkerköpfroder „Typ SZ betaking 3000" zu sehen. Im Maschinenprospekt wurden dazu unter anderem folgende Aussagen gemacht:

- Sechsreihiges Köpfen und Roden aus der Gare.
- Einmann-Maschine mit hoher Stundenleistung.
- Anroden und Aufschließen der Bestände ohne Umstellungs- und Handarbeit.
- Geeignet für Lohnunternehmer und Maschinengemeinschaften, da geringer organisatorischer Aufwand, niedrige Rüst- und Nebenzeiten, hohe Arbeitsproduktivität und Saisonleistung.
- Hohe Betriebssicherheit auch bei verunkrauteten Beständen und aufgeweichten Böden.
- Aktives Roden. Gleichmäßige Rodetiefe. Günstige Gewichtsabstützung und damit geringer Bodendruck.
- Niedrige Rodeverluste durch seiten- und höhengesteuertes Rodeaggregat.
- Geringe Rübenverletzung durch Siebwalzen, Siebketten und Schöpfelevatoren.
- Zulassung durch Berufsgenossenschaft, Betriebserlaubnis durch TÜV.
- Leichte und ermüdungsarme Bedienung durch hydrostatischen Fahrantrieb. Optimale Sichtverhältnisse auf Köpf- und Rodeaggregat sowie auf Fördereinrichtungen. Elektronische Drehzahlüberwachung der nicht einsehbaren Förder- und Reinigungselemente.

1977 hat Südzucker nochmals sechs betaking-Maschinen gebaut. Diese haben 1977 im Durchschnitt 320 ha Rüben gerodet. Die Spitzenleistung lag bei 450 ha je Maschine, obwohl noch auf 30 bis 50 Prozent der Schläge die Blattbergung erfolgt ist. Jetzt, nachdem die Maschinen die erwartete Leistung von 300 und mehr ha je Kampagne erbrachten, gab es auch Kaufinteressenten. Alle Maschinen wurden

Selbstfahrender sechsreihiger
Bunkerköpfroder
Typ SZ
betaking
3000

Gerodete Fläche hinter der Maschine

Maschine beim Abbunkern

Überladen auf nebenher fahrendes Fahrzeug

noch im gleichen Jahr an Maschinengemeinschaften, Lohnunternehmer und an die Zuckerfabrik Tulln in Österreich verkauft. Eine Maschine ist als „Eigenbedarf" bei Südzucker verblieben.

Das von Südzucker angestrebte Ziel, den Zuckerrübenanbau wettbewerbsfähiger zu machen, um damit die Rübenversorgung der Fabriken zu sichern, ließ sich mit den neu entwickelten Maschinen erreichen. Mit den von Holmer und Paintner parallel gebauten Maschinen gab es außerdem zusätzliche Produzenten, so dass die erwartete Nachfrage nach sechsreihigen Bunkerköpfrodern unter Konkurrenzbedingungen befriedigt werden konnte.

Da sechsreihig gerodet wurde, musste auch die Rübenbestellung sechs-, 12- oder 18-reihig erfolgen. Sägeräte dieser Größenordnung waren im Einzelbetrieb vielfach nicht auszulasten, so dass sich bei der Bestellung ebenfalls eine überbetriebliche Zusammenarbeit entwickelte. Auch bei der Rübenabfuhr und bei der Blattbergung war der Einzelbetrieb überfordert. Hier kam es deshalb ebenfalls vermehrt zur überbetrieblichen Arbeitserledigung.

Die durch die betaking-Maschinen ausgelösten Sachzwänge stellten den Zuckerrübenanbau auf eine völlig neue Entwicklungsstufe. Die Konkurrenz um Arbeit und Kapital zum Beispiel zwischen Mähdruschfrüchten/Körnermais einerseits und Zuckerrüben andererseits hat sich erheblich zugunsten der Zuckerrüben verändert. Aufgrund dieser Erfolge und Aussichten war die Euphorie bei allen am betaking-Projekt Beteiligten groß. Man war sicher, die Maschinen noch besser, leistungsfähiger und kostengünstiger herstellen zu können. Die Nachfrage nach den Maschinen stieg. Immer mehr Landwirte erkannten, dass sich mit dem neuen Erntekonzept der Betriebserfolg verbessern ließ.

Technische Daten: betaking 3000

Fahrzeuglänge	**10 500 mm**
Fahrzeugbreit	**3 000 mm**
Fahrzeughöhe	**4 000 mm**
Leergewicht	**14 500 kg**
Bunkerfassung	**9 000 kg**
Achsabstand	**4 380 mm**
Spurbreite vorn	**1 830 mm**
Spurbreite hinten	**2 000 mm**
Reifen vorn 4 Stück	**14 x 28**
Reifen hinten 2 Stück	**14 x 26**
Fahrgeschwindigkeit	**0 - 20 km/h**
Arbeitsgeschwindigkeit	**0 - 7 km/h**
Motorleistung	**250 PS**
Kraftstoffverbrauch	**etwa 35 l/h**
Antrieb:	**Hydrostatisch auf alle Räder**
Überladehöhe	**2 700 mm**

Die Produktionskapazitäten für den Bau von betaking-Maschinen in der Zuckerfabrik Rain sollten ausgebaut werden. Es war daher für die am Erntemaschinenprojekt Beteiligten nur schwer nachvollziehbar, als der Aufsichtsrat von Südzucker 1977 das betaking-Projekt stoppte, zumal allein in diesem Jahr sechs Maschinen gebaut und verkauft werden konnten.

In langwierigen Verhandlungen gelang es, mit einem der führenden Hersteller von Rübenerntemaschinen in Deutschland einen Lizenzvertrag abzuschließen. Alle Unterlagen zum Bau des betakings wurden übergeben, die Ingenieure und Techniker des Lizenznehmers von Südzucker-Experten eingewiesen. Die Baupläne lagen lange in den Schubladen des Lizenznehmers. Man glaubte, zunächst noch mit herkömmlichen Rodern den Markt bedienen zu müssen. Glücklicherweise ist die Idee des aus der Gare rodenden sechsreihigen Bunkerköpfroders mit dem „Ab-

Holmer-Vollernter

Paintner-Vollernter

gang" der betaking-Maschinen nicht gestorben. Die „Mitstreiter" Holmer und Paintner haben mit viel Mut, Energie und Können die Idee weiterverfolgt und mit ihren Maschinen den Markt erschlossen und letztlich erobert.

Festzuhalten bleibt, dass naheliegende und vernünftig erscheinende Ideen trotz einer funktionierenden Konkurrenz und einer Vielzahl von Maschinenproduzenten nicht immer umgesetzt werden. Dass sogar die von diesen Ideen Begünstigten, das heißt die Landwirte, aber auch die Beratung und die Wissenschaft, neue Entwicklungen nicht immer erkennen können oder erkennen wollen. Es bedarf der Außenseiter, die gegen festgefahrene Meinungen, Vorurteile und Eigeninteressen mit großem Risiko ankämpfen, um neuen Ideen zum Durchbruch zu verhelfen.

Vor genau 40 Jahren hat Südzucker versucht, mit dem Kauf und dem Einsatz der Duquenne-Maschine sowie dem Logistikkonzept von IBM eine Vision in die Tat umzusetzen. Daraus hat sich inzwischen eine für die Rübenanbauer und die Zuckerfabriken äußerst positive Entwicklung ergeben. Die Stellung der Zuckerrübe im landwirtschaftlichen Betrieb ist weitgehend unangefochten.

In diesem Beitrag soll deshalb auch an die Menschen erinnert werden, die für das Projekt „betaking" verantwortlich waren, die die Maschine entwickelt und ihr zum Durchbruch verholfen haben. Es waren dies Herr Dr. Kilpper, verantwortlich im Südzucker-vorstand für das Projekt, Herr Henatsch, Direktor vom Werk Rain/Lech, der zusammen mit den Ingenieuren und den Maschinenbauern vom Werk Rain, sowie den für die Erntetechnik bei Südzucker Verantwortlichen, die betaking-Maschine entwickelt und zur Serienreife gebracht hat. Es sollen aber auch die Rübenanbauer erwähnt werden, bei denen die betaking-Maschinen zum Einsatz gekommen sind. Sie waren, ebenso wie die Geschäftsführer der Maschinenringe von der Idee überzeugt. Sie haben beim Einsatz der Maschinen keine Arbeit und keine Risiken gescheut und mit ihren Anregungen wesentlich zum Erfolg des Projektes „betaking 3000" beigetragen.

Literatur:
Irion, H.: „betaking 3000" nach der ersten Kampagne, DZZ, Febr. 1976
Ders.: Mit betaking sechsreihig, DLG Mitteilungen 19/1977
Ders.: Die Zukunft des sechsreihigen Bunkerköpfroders, DLG-Forum, 1. Mai 1977
Ders.: Erfahrungsbericht über den Einsatz selbstfahrender sechsreihiger Bunkerköpfroder, Unternehmerseminar Gut Schlüterhof, Febr. 1979
Kilpper, H.: Ernte und Transport der Rüben – Welche Wege zeichnen sich für die Zukunft ab? DZZ, Sept. 1974
Stieger, W.: Ergebnisse der Untersuchung zur Arbeitsqualität von Erntemaschinen, DZZ, Jan. 1976
Ders.: Ernteexperiment in Niederbayern, DZZ, Dez. 1971
Ders.: Ziel: Kostensenkung für die gesamte Erntekette, DZZ, Okt. 1972
Ders.: Erfahrungen mit der sechsreihigen Duquenne-Maschine, DZZ, Dez. 1972
Ders.: Thema Nummer eins heißt heute Paintner, DZZ, Dez. 1972
Ders.: Rübenernte heute und in den nächsten Jahren, DZZ, Sept. 1973
Ders.:Einreihiger Roder hat sich bewährt, aber Tendenz geht zur mehrreihigen Erntemaschine, DZZ, Sept. 1973
Ders.: Delegierte Rübenernte, DZZ, Sept. 1975
Ders.: Selbstfahrender sechsreihiger Bunkerköpfroder, Typ SZ betaking 3000 (Prospekt zur DLG Ausstellung 1976 in München)
DZZ- Deutsche Zuckerrübenzeitung – überregionale Fachzeitung für den Zuckerrübenanbauer

Technische Daten:
Prospekt „SZ betaking 3000"
Fotos: Archiv Eben Prospekt „SZ betaking 3000"

Zwei Südzucker betaking 3000 im Einsatz

Testergebnisse, ermittelt vom Institut für Landtechnik Bonn in Seligenstadt:

Maschinentyp	Bruchflächensumme Je 100 Rüben cm^2	Erdanhang (%)	Rodeverluste je ha (dt)	Ges. Masseverlust (%)
Durchschnitt der einreihigen Bunkerköpfroder (gezogen)	935	7,5	12,3	8,6
Durchschnitt der zweireihigen Bunkerköpfroder (selbstfahrend)	1620	6,7	17,6	9,2
betaking 3000	840	6,1	9,1	5,2

Blattbergung

Als der Claas Xerion laufen lernte

von Oliver Aust

Im Jahr 1936 präsentierte ein Landwirt aus Ochsenfurt eine Maschine mit namens „Packesel". Dieses Gefährt mit 16 PS Deutz Motor, Portalachse und Pritsche war der Auslöser für den Bau von Geräteträgern. Auch Porsche und Lanz brachten mit dem 110 S und dem Alldog Systemtraktoren auf den Markt. In der DDR konstruierte die Landtechnik Schönebeck einen RS 08/15 mit Dieselmotor. In den darauffolgenden Jahren stellten verschiedenste Landmaschinenhersteller sowohl national als auch international die unterschiedlichsten Systemtraktoren vor. Hierzu gehörten unter anderen Firmen wie Eicher, Ritscher, Fahr und David Brown. Diese Maschinen konnten sich nicht durchsetzen – oft wegen zu geringer Leistung – und wurden wieder vom Markt genommen.

Großen Erfolg konnte dagegen Fendt mit dem Geräteträger F12 GT verbuchen. Das sogenannte Einmannsystem mit werkzeuglosem An- und Abbau überzeugte. Beispiellos ist der Erfolg des Unimog, der auf der DLG Ausstellung 1948 in Frankfurt von den Gebrüdern Böhringer vorgestellt wurde. Die relativ hohe Geschwindigkeit von 50 km/h und die An- und Aufbauräume machten den Unimog zu dem Mehrzweckfahrzeug schlechthin. Auch Claas hatte die Zeichen der Zeit erkannt und versuchte, sich dem Markt anzupassen. Das gelang dem Unternehmen, das heute weltweit tätig ist und einen guten Ruf als Erntespezialist genießt, mit verschiedensten Konstruktionen.

Bereits im Jahr 1913 gründete August Claas, der damals gerade seine Ausbildung und den Militärdienst beendet hatte, das Unternehmen. 1914 stiegen dessen Brüder Bernhard und Franz in die Firma ein, später auch noch Theo Claas. 1919 kaufte Claas zum Preis von 13 000 DM ein Hartsteinwerk in Harsewinkel und errichtete hier Produktionsstätten für Strohbinder. Weitere Produkte wie Pressen und Düngestreuer folgten.

Dann begann die Entwicklung von Mähdreschern. 1932 hatte Claas bereits erste Versuchsmaschinen produziert, die allerdings noch viele technische Probleme aufwiesen. Aus den bisherigen Fehlern lernten die Konstrukteure schnell und der erste gezogene Anhängemähdrescher MDB wurde 1936 bei Halle-Saale vorgeführt. Mit diesem MDB nahm der Erfolg des Unternehmens aus Harsewinkel seinen Lauf. Weniger erfolgreich war der 1956 vorgestellte Claas „Huckepack". Er konnte binnen 30 Minuten durch geringen Aufwand als Geräteträger zu einem vollwertigen, selbstfahrenden Mähdrescher umgebaut werden. Für den Antrieb sorgte hier ein 12 PS Hatz-Dieselmotor, während ein 27 PS starker Benzinmotor den Mähdrescher antrieb. Die Produktion dieser Arbeitsmaschine wurde nach zwei Jahren aufgrund zu geringer Verkaufszahlen wieder eingestellt.

Claas brachte noch weitere Entwicklungen hervor, die aus verschiedensten Gründen nicht in Serie produziert wurden. Hierzu gehörte unter anderen der Grünfuttertrockner Apollo, der 1972 auf dem Markt eine hohe Akzeptanz erfuhr, aber dessen Betrieb auf-

Projektstudie: Traktor „HSG" im Technopark Harsewinkel

Der Motor des HSG mit 130 PS

grund der damaligen Ölkrise für die Landwirte nicht bezahlbar war. Claas musste die Produktion des Apollo, der unter anderen Umständen sicher den gewünschten Erfolg erbracht hätte, wieder einstellen.

Ein weiteres Projekt, mit dem sich Claas zeitgleich befasste, war der HSG. Er ist bis heute vielen Leuten unbekannt, da er lediglich eine Projektstudie war, die nie in Serie gebaut wurde. Selbstfahrende Arbeitsmaschinen waren, wie bereits oben schon erwähnt, auf dem Vormarsch und der Ruf nach Mehrzweckfahrzeugen wurde immer lauter. Unter diesem Aspekt begann Claas 1968 mit der Entwicklung des ersten Traktors, dem HSG. Dessen Name stand als Abkürzung für „Hydrostatisches Getriebe“. Als Motor wurde ein Daimler-Benz mit 130 PS verbaut. Das Mehrzweckfahrzeug verfügte über ein Dreiganggetriebe, einen drehbaren Sitz, vier gleichgroße Räder, Blattfedern und eine Portalachse vom Unimog. Die Weiterentwicklung dieses ersten Traktors scheiterte wegen eines Sparprogramms bei Claas. So blieb es bei dem Prototyp, der heute im Technopark in Harsewinkel zu bewundern ist.

Mercedes-Benz hatte bereits zur selben Zeit den konzeptähnlichen MB-trac entwickelt. Dieser konnte sich auf dem Markt erfolgreich etablieren. Gleichwohl wurde das Projekt bei Claas nicht aus den Augen gelassen. 1978 nahmen die Konstrukteure auf Drängen von Helmut Claas die Entwicklung einer Basismaschine, die Eigenschaften eines Schleppers haben sollte, wieder auf. Hierbei legte Claas den Schwerpunkt auf die Zugleistung, die effizient über die Räder auf den Boden gebracht werden musste. Der Systemschlepper sollte besonders leistungsfähig sein. Ebenso wichtig waren eine leichte Handhabung, gute Sichtverhältnisse, Wendigkeit und Komfort. Unter leichter Handhabung verstand man die Umwandlung der

Claas Projektstudie HSG 1968

Arbeitsmaschine in eine andere und das in kürzester Zeit. Dabei setzte man für die Umrüstung des Schleppers ein Zeitlimit von 15 Minuten bei zwei Personen. Eine weitere Überlegung gab es bei dem Getriebe. Das DMT-Getriebe, welches seit den 1960er Jahren bereits in Bussen, Lkw und Geländefahrzeugen verwendet wurde, musste erst auf eine generelle Eignung untersucht werden.

1979 entstand der erste Prototyp mit der Bezeichnung „Projekt 207". Dieses Basisfahrzeug wurde zunächst als Selbstfahrlösung für Häcksler, Mähdrescher und Zuckerrübenroder genutzt. Der MAN Motor leistete 280 PS bei 2200 U/min. Weitere Merkmale waren die vier gleich großen Räder, Allrad- und Hundeganglenkung und die um 180° schwenkbare Kabine. Anbaugeräte verwandelten das Multifunktionsgerät in eine vollwertige Erntemaschine. Aber auch als Schlepper für den Ganzjahreseinsatz war das Projekt 207 gedacht.

1979 konnte Claas einen vierreihigen Spezialanbauhäcksler auf Basis des SF 80 mit dem Projekt 207 erfolgreich betreiben. Es folgten weitere Häckslerkonstruktionen für das Basisfahrzeug. Da aber die Entwicklung weiter voranschritt und die selbstfahrenden Häcksler immer leistungsfähiger werden mus-

Portalachse und Blattfedern vom Unimog

Projekt 207 …

… ausgestellt bei Claas in Harsewinkel

sten, wurde die Leistung des 207 allmählich zu gering. Auch für die Mähdrescher verwendete Claas zunächst das Basisfahrzeug 207 und entwickelte zwei Prototypen. Ein Beiwagen-Mähdrescher wurde mit Hilfe einer Spezialkoppelung seitlich neben dem Basisfahrzeug mitgeführt. Damit gewährleistete man die optimale Sicht auf das Arbeitsgerät. Der Antrieb für den Mähdrescher erfolgte über eine Querzapfwelle. Nach mehreren Versuchen gab man jedoch das Projekt wieder auf, da sich beim Fahren und Lenken gravierende Probleme bemerkbar gemacht hatten.

Besonders viel Aufwand und Energie wurde für die Entwicklung eines Zuckerrübenernters verwendet. In Zusammenarbeit mit den Firmen Kleine, Beinroth und Holmer wurden sechs unterschiedliche Gerätelösungen für das Projekt 207 konstruiert und auch getestet. Hierbei kam ausschließlich ein sechsreihiges, einphasiges Verfahren in Frage. Die Lösung fanden die Entwickler in einer Bunkermaschine der Firma Holmer mit 8 m^3 Inhalt. 1996 wurde die erste Maschine an Russland geliefert. Weitere Gerätepartner wie Rabe, Kaweco, Amazone und Jenz kamen hinzu und entwickelten zahlreiche Adaptionsgeräte für den 207.

Mit dem Einbau des neuen HM-8-Getriebe, das bereits in einem MB-trac 1500 und einem Schlüter

Eurotrac getestet worden war, verschwand der Projektname 207 und wurde durch das Projekt 407 ersetzt. Doch bereits zur ersten öffentlichen Vorstellung des neuen Mehrzweckfahrzeuges präsentierte Claas den Namen „Xerion". Bis 1993 hatte es für den Xerion kein spezielles Arbeitsverfahren gegeben. Meistens waren die entwickelten Geräte für das Systemfahrzeug nicht geeignet oder wurden aus unternehmensstrategischer Sicht nicht gewünscht. Aus dem Projekt 207, dass über Jahre konsequent weiterentwickelt wurde, waren mit dem Xerion 2500 (250 PS) und 3000 (300 PS) erfolgreiche Mehrzweckfahrzeuge geworden, deren Konzept aber wegen zu geringer Leistungen verbessert werden musste.

Bereits 1994 brachte Claas die überarbeiteten Modelle mit höheren Leistungen auf den Markt. Hierzu zählten der 3300 als Trac und Trac VC mit 335 PS und der Xerion 3800 mit 379 PS als Trac, Trac VC und Saddle Trac. Angetrieben werden diese Fahrzeuge mit einem Sechszylinder-Motor von Caterpillar. Die Kraftübertragung erfolgt durch ein stufenloses, vollreversierbares ZF-Getriebe, das mit einer Geschwindigkeit von 50 km/h aufwartet. Die Xerion-Modelle haben eine Vierradlenkung mit einem Wenderadius von nur 12 Metern. Optionale Ausstattun-

Claas Xerion 2500 mit 250 PS

gen wie Reifendruckregelanlage sind zur Schonung des Bodens verfügbar, ebenso eine Leistungshydraulik, die es ermöglicht, An- und Aufbauten und ein Güllefass ohne Zapfwellenantrieb zu betreiben. Front- und Heckhubkraftwerk gehören, wie auch die Allradlenkung, zur Grundausstattung des Xerion.

Der Xerion Trac hat eine feste Kabine, die mittig angeordnet ist. Der Xerion Trac VC kann seine Kabine per Knopfdruck hydraulisch anheben und von dort um 180° auf das Heck drehen. Hierdurch entsteht eine gute Sicht auf den hinteren Bereich der Maschine. Angewendet wird dieses Prinzip häufig bei Holzhackern mit eigener Bestückung. Der nun zur Verfügung stehende Aufbauraum in der Mitte des Fahrzeugs trägt Gülle- und Saatgutbehälter.

Der Xerion Saddle Trac wird als 3800er angeboten. Hier ist die Kabine fest über der Motorhaube installiert und kann nicht gedreht werden. Dadurch ergibt sich ein enorm großer An- und Aufbauraum hinter der Kabine, der mit Geräten oder Behältern bestückt werden kann.

Da sich der Xerion mittlerweile erfolgreich etablieren konnte, entwickelte Claas das Systemfahrzeug erneut weiter, um den Anforderungen nach mehr Leistung der Maschinen gerecht zu werden. Das Ergebnis ist seit dem Herbst 2009 auf dem Markt und erregt großes Aufsehen: Der Xerion 4500 und der Xerion 5000 mit 450 beziehungsweise 500 PS. Die 6-Zylinder Caterpillar Motoren haben einen Hubraum von 12,5 Litern. Ein stufenloses ZF-Getriebe sorgt für die Kraftübertragung der Maschine und wurde bereits in den kleineren Xerion Modellen verwendet. Es ermöglicht die Vorwärts- und Rückwärtsfahrt mit der maximalen Endgeschwindigkeit von 50 km/h. Die neuesten Xerion-Modelle sind in zwei Variationen erhältlich: als Xerion Trac mit feststehender Kabine und als Xerion Trac VC mit drehbarer Kabine.

Claas Xerion 3300 Trac VC

Claas Xerion 3300 mit Holzhacker

Claas Xerion 3300 Trac mit fester Kabine

Claas Xerion 5000, mit 500 PS der derzeit stärkste Systemschlepper von Claas

Claas Xerion 3800 Trac VC mit 379 PS bei schwerer Feldarbeit

Hänigsen

Normag-Traktoren unter sich

von Michael Bach

Nachdem Petrus es sich in den Kopf gesetzt hatte, die Selbstzünder und ihre Gäste zu ersäufen, entschuldigte er sich 2008 gewissermaßen und schenkte uns ein Spätsommer-Wochenende, wie es prächtiger nicht sein konnte. Musste er auch, denn der Schwerpunkt der Veranstaltung zeigte in einer hervorragenden Präsentation die Normag-Traktoren, dass er wohl selber begeistert war. Nahezu lückenlos und auch mit extremen Raritäten brachte die Ausstellung einen Überblick über die Schlepper-Entwicklung der Marke, die leider noch immer etwas im Schatten steht. Sie begann im thüringischen Nordhausen, verlief über das benachbarte, aber im Westen gelegene Zorge, führte ins Ruhrgebiet über Sprockhövel und schließlich nach Hattingen – aus allen Stationen waren charakteristische Modelle versammelt!

Da standen, eng zusammengerückt, allein sechs NG 22 aus den Baujahren 1938-41. Dieses Modell war mit 4.962 Stück, die zwischen 1936 und 1942 entstanden, das weitaus Erfolgreichste der 22 PS-Einheitsschlepper-Kategorie, die von den Nazis durch den sog. Schell-Plan politisch verordnet war. Zu ihnen hatten sich zwei der weitaus selteneren NG 10 mit dem Deutz-Motor gesellt – gewissermaßen die Sparversion des 22er Normags, die bis 1942 in ganzen 412 Exemplaren gebaut wurde, ehe sie dem wiederum politisch durchgesetzten Holzgaser NG 25 Platz machen musste. Dieser war in Hänigsen zwar angekündigt, aber dann leider doch nicht erschienen. Auch die Produktion der un-

Die ganz alten stehen in der Ecke: NG 22 und NG 10. Aber so machen sie Eindruck!

1945 in Nordhausen aus Restbeständen aufgebaut: NG 25 D

Interessante Details: Kühlermaske …

mittelbaren Nachkriegsmonate und Jahre konnte erstmalig annähernd komplett besichtigt werden. Da gab es zunächst den direkt vom Holzgas-Schlepper abgeleiteten Typ NG 25 D, der noch im thüringischen Nordhausen (auch etwas später noch unter IFA-Regie) gebaut wurde. Zwischen Motor und Getriebe ist hier ein zylindrisches Rohr geflanscht, da der durch den Wegfall des Gaserzeugers bei Weiterverwendung des Kurzgetriebes zu geringe Radstand ausgeglichen werden musste. In diesem Rohr-Zwischengehäuse befindet sich der Kraftstoffbehälter – eine Pumpe muss den Kraftstoff also zum Motor transportieren. Hoch über dem Rohr, rechnerisch nahezu im Fahrzeugmittelpunkt, sitzt der Fahrer, von keinerlei Blechverkleidung umgeben. Eine sehr gewöhnungsbedürftige Position, zumal er zum Schalten des dicht an der Hinterachse platzierten Getriebes hinter sich greifen muss. Bereits in Zorge dann entstand der NG 23, der mit dem NG 25 D in vielen Konstruktionsmerkmalen identisch ist – eigentlich wirkt er aber noch unfertiger durch das Fehlen einer Motorhaube, die ihm erst im Jahr 1950 spendiert wurde. Diese Schlepper machten die außerordentlichen Improvisationskünste der damaligen Zeit anschaulich.

Normag-Schlepper wurden in Hattingen bis Jahresende 1957 gebaut – nach ungefähr 36.000 Exemplaren verließ der letzte das Werk im Dezember des Jahres. Das Typenprogramm war breit gefächert, man baute Motoren sowohl eigener Entwicklung als auch von Zulieferern bezogene Aggregate ein, ebenso verhielt es sich auf dem Getriebe-Sektor. In Hänigsen konnte man einen fast lückenlosen Überblick über diese Zeit gewinnen, in der das Unternehmen beachtliche Erfolge erzielte und zumindest in der ersten Hälfte der 50er Jahre einen guten Platz unter den ersten zwölf Herstellern einnahm. Wenn mich nicht alles täuscht, fehlte hier lediglich der Typ NG 35. Dafür gab es die aus dem NG 23 heraus entwickelten NG 23 K, und NG 15, die „Faktor"-Baureihe mit allen Typen in allen denkbaren Varianten und Erhaltungszuständen, vom Restaurierungs Objekt über in gutem Gebrauchszustand belassen bis hin zu top-restauriert.

Bei den NG 23 K, NG 15 und auch beim NG 35, deren Nachfolge vom NG 23 ja deutlich zu erkennen ist, beinhaltete das Rohr zwischen Motor und Getriebeblock nun nicht mehr den Kraftstoffvorrat, sondern, wenn gewünscht, den Druckluftbehälter für den neuentwickelten pneumatischen Kraftheber. Dieser in Verbindung mit der hohen Bodenfreiheit und dem langen

… und Typenschild

Radstand ermöglichte es der Normag schon früh, den Zwischenachsanbau von Geräten zu propagieren. In enger Zusammenarbeit mit der Landmaschinen-Industrie entstanden viele Gerätereihen, die diese Schlepper zu echten Universalmaschinen machten. Schade, dass von den fortschrittlichen Lösungen hier nichts zu sehen war. Die Normag ließ in ihrer Typenentwicklung nichts aus, was der ingenieurtechnische Zeitgeist so mit

Der NG 23 kam bereits aus Zorge – ohne Motorhaube bis 1950

Normag NG 23 K

Normag NG 23 K als Beitrag zur aktuellen Patina-Diskussion

Selten wie die Blaue Mauritius: N 12 mit Ilo-Zweitakter

sich brachte. Den soliden „Faktoren“ mit ihren bewährten Zweizylinder-Viertaktern, die eine unübersehbare Verwandtschaft mit den MWM-Motoren aufwiesen, wurde ab 1953 eine Baureihe, die kurze Zeit später auf den Namen „Kornett“ hören sollte, an die Seite gestellt. Hier arbeitete ein völlig neu entwickelter, luftgekühlter Einzylinder-Zweitaktmotor mit Leistungen von 12/14 bis 16/18 PS, der sich durch technisch anspruchsvolle Merkmale wie Umkehrspülung mit Schlitzsteuerung und Direkteinspritzung auszeichnete. Zur Optimierung der Spülung des Verbrennungsraumes gab es eine Ladepumpe, durch die Luft angesaugt und in den Verbrennungsraum gedrückt wurde, wobei das Hubvolumen der Kolbenpumpe erheblich größer war als das des Motors. Das Getriebe (5 V/1 R) war ebenfalls eine Eigenkonstruktionen. Auch die „Kornett“-Reihe war natürlich vollständig vertreten. Man hatte den aufwändigen Weg dieser Eigenentwicklung sicher nicht zuletzt deswegen beschritten, weil in dem besonders nachgefragten Bereich der Kleinschlepper wenig Adäquates zur Verfügung stand. Der NG 15 war nicht mehr zeitgemäß, der Typ C 10, in Rahmenbauweise mit verdampfungsgekühltem Farymann-Motor fand durchaus Abnehmer, war aber doch nicht so ganz genau das, was der Markt verlangte. Der erst kurz vor Produktionseinstellung herausgebrachte Typ F 12 mit luftgekühltem, von ILO bezogenem Motor kam ohnehin zu spät und erreichte nur geringe Stückzahlen.

Besonders erfreulich war, dass Armin Bauer, der das „Normag-Projekt“ maßgeblich angeschoben hatte, den anerkannten Spezialisten für die Marke, Holger Richard Figge aus Sprockhövel, mit seinem F 12 und einer beeindruckenden Fülle von Werks-Fotos und Dokumenten nach Hänigsen holte. Ein weiterer Höhepunkt war die Anwesenheit des dicksten aller jemals gebauten Normag-Traktoren, des NG 45 L. Theodor Döpper hatte das Schwergewicht mit dem Henschel-Vierzylinder und dem ZF A 17 mitgebracht. Es war ein ganz besonderes Erlebnis, dieses Modell einmal live zu sehen. Es sieht so aus, als wäre die Normag-Szene endgültig in Bewegung geraten: Die erste größere Präsentation hier in Hänigsen, in Brokstedt 2009 die erste Kontakt-Aufnahme von Freunden der Marke in Brokstedt, bei der Thomas Claasen den Versuch startete, einen Stammtisch zu etablieren – warten wir ab, was da noch kommt. Interessant ist es allemal.

Kaum ein Normag-Typ fehlte in Hänigsen

Kornett: der technisch delikate Normag-Zweitakter

Der Dickste: NG 45 L von Theo Döpper

Allradschlepper für den Forstbetrieb

von Dr. Heinrich Ostarhild

In Waldwirtschaft und Forstbetrieb hilft in bestimmten Fällen noch immer das Pferd. Es hat Eigenschaften, die ein Traktor nicht haben kann. Zum Stämme rücken wird es eingesetzt, wenn zwischen zwei Bäumen schon mal nur ein Meter Platz bleibt, es geht buchstäblich über "Stock und Stein", es kann auf der Stelle wenden oder direkt zur Seite treten und vor einem Graben bleibt es stehen, in den der Traktor vielleicht hineinfahren würde! Freilich wird es dazu nicht selten mit einem Pkw-Anhänger oder Schlepper-Anhänger zu seinem Arbeitsbereich transportiert.

Schon lange stellen die Schlepper-Hersteller Typen her, die sich besonders für den Forst eignen und die dazu Sonder-Ausrüstungen bekommen. Als Spezialentwicklungen seien hier die Forwarder genannt, die mehr selbstfahrende Arbeitsmaschinen als Fahrzeuge sind: Sie greifen sich gefällte und entrindete Stämme, längen diese automatisch und legen sie ab.

Der Trick mit dem Knick

Was seit 1954 die ersten 10 PS-Holder Weinbauschlepper bekannt gemacht hat, gilt heute nach wie vor für die 60 PS Forstschlepper: Die Knicklenkung lässt dieHinterräder in genau der gleichen Spur laufen wie die Vorderräder. "Spurtreu" fahren heißt das, im Gegensatz zur Achsschenkellenkung, bei der die Hinterräder einen kleineren Kreis fahren. Im Wald muss man beim Lenken nicht ausholen, um den Baum zu umfahren, sondern man fährt weiter, ohne hinten hängen zu bleiben. Und im Wald wie im Gelände ist der Allradschlepper mit vier gleichgroßen Rädern und betonter Vorderachslast wegen seiner gleichmäßigen Gewichtsverteilung im Vorteil. Besser ist nur noch der Raupenschlepper. Der hat zwar die geringste Bodenbelastung, tut sich aber schwer mit schnellerer Straßenfahrt.

Ein 30 PS-AG 3 F-Forstschlepper, damals noch ohne Umsturz-Schutzbügel, achtfach bereift am Berg

Zur Abstützung des Hydraulik-Bordkranes vorn auf dem Anhänger wurden ein paar Stützfüße seitlich herausgefahren. Nachdem die Stämme verladen sind, kann der 36 PS-A55 F-Forsttraktor losfahren. In der Frontschaufel fahren Geräte mit

Der A 55 F mit dem inzwischen auf 42 PS verstärkten Holder-Motor mit einem Golchert-Frontpolter und einer Igland-Seilwinde

Beim Stämme stapeln auf dem Polterplatz kommen die Vorzüge des Allrad-Forstschleppers Holder A 60 mit vier gleich großen Rädern voll zur Geltung

Die Schwachholz - Rückeschlepper

Hier geht es speziell um die für die Forstwirtschaft ausgestatteten Allradschlepper der späten 60er bis 90er Jahre. Dabei handelt es sich um drei verschiedene Bereiche, wobei auf den jeweils letzten Stand der Technik wie der Sicherheitsvorschriften Bezug genommen wird:

1. Der Arbeitsplatz des Fahrers muß für möglichst ermüdungsarme Stunden an langen Arbeitstagen das ganze Jahr hindurch gut geeignet sein.

2. Die Fahrzeuge müssen vor Beschädigungen geschützt sein bei dem oft rauhen Betrieb im Wald, im hängigen Gelände, auf schlechten Wegen und bei Regen, Frost, Schnee und Eis.

3. Bei der Ausstattung der Fahrzeuge mit Arbeitsgeräten für die speziellen Erfordernisse bei den nicht selten schweren Belastungen im Wald sollte nicht gespart werden.

Moderne Kabinen sind infolge ihrer Lagerung auf Gummi-Elementen schwingungs- und schallisoliert. Außerdem sollten sie eine Color-Verglasung haben. Die Frontscheibe muss zur besseren Lüftung ausstellbar sein. Die beiden Außenspiegel sollen von innen einstellbar sein, eine Sonnenblende darf nicht fehlen. Serienmäßig ist eine Geräusch absorbierende Innenauskleidung erforderlich und auf Wunsch vielleicht ein Radio. Bei Straßenfahrt mit Forstanhänger kann auch eine gelbe Rundumleuchte erforderlich werden.

Die Kabinen brauchen eine Dachluke als Notausstieg, nachdem vor Jahren in Skandinavien ein Traktor ins Eis eines Fjords eingebrochen und der Fahrer ertrunken war. Im Sommer sorgt die ausgestellte Luke für frische Luft. Für den Winterdienst braucht man eine Heizung mit verstellbaren Luftdüsen.

Der Schutz der Fahrzeuge beginnt mit simplen kleinen Schutzblechen um die Ventile der Ackerstollen-Reifen. Wer diese Ventile nicht schützt, riskiert ihren Abriss etwa durch am Boden liegende Äste vielleicht nach wenigen Metern Fahrt im Wald. Je nach gewünschter Reifenbreite sind für den Forst verstärkte Reifen (8 Ply oder 10 Ply) üblich.

Als Zusatzbelastung stehen Reifen mit Wasser-Einfüllventilen oder Radgewichte zur Verfügung. Unentbehrlich ist ein ausreichender Unterbodenschutz: Ohne einen solchen könnte eine Ölablassschraube an einem Baumstumpf hängen bleiben oder die Ölwanne auf einen Fels aufschlagen – das würde teure Reparaturen zur Folge haben. Der Kühler des Forstschleppers muss mit einem Frontgitter ausgerü-

A 60-Forstschlepper von 1980 mit 50 PS hebt seine Tragbergstütze leicht an, um zwei Stämme zum Polterplatz zu ziehen

Bei Schnee wird im Wald alles etwas schwieriger. Andererseits trägt bei Frost der Boden besser und es gibt keinen Matsch. Ein langer Stamm ist aus Wald herausgezogen. Nun geht es zu einem Polterplatz mit Lkw-Zufahrt-Möglichkeit

Die Jahre der Trümmer und des Wiederaufstiegs

Deutscher Schlepperbau 1945-1950/51

von Michael Bach

Die Situation der deutschen Industrie war nach dem Kriegsende 1945 bis zum Beginn der fünfziger Jahre von schwersten Zerstörungen der Fabriken und der Infrastruktur, Demontagen, politischen Auflagen der Alliierten und Mangel an Material und Energie, Facharbeitern und Ingenieuren und anderen heute kaum noch vorstellbaren Einschränkungen gekennzeichnet. Dies galt ausnahmslos auch für die Unternehmen der Landmaschinen- und Traktorenhersteller. Bei den „Großen Drei", Deutz in Köln, Hanomag in Hannover und Lanz in Mannheim, war buchstäblich kein Stein auf dem anderen geblieben, und sie, die zu allen diesen Schwierigkeiten zusätzlich mit politischen Vorgaben der Siegermächte fertig werden mußten, die sich aus ihrer Verstrickung in die nationalsozialistische Rüstungswirtschaft ergaben, taten sich außerordentlich schwer, an die Produktion der Vorkriegszeit wieder anzuknüpfen und ihre ehemalige Bedeutung wiederzuerlangen. Die Fabriken lagen, von wenigen Ausnahmen abgesehen, in den westdeutschen Zentren der Schwerindustrie und des Maschinenbaus, die von den Zerstörungen besonders stark in Mitleidenschaft gezogen waren.

Nur wenige waren halbwegs davon gekommen – merkwürdigerweise gerade die beiden einzigen östlich der Elbe gelegenen, im thüringischen Nordhausen, beheimateten Unternehmen Normag und Orenstein & Koppel. Sie gehörten zwar nicht zu den Größten der Branche, waren jedoch in der mittleren Kategorie schon in den dreißiger Jahren von großer Bedeutung.

Nachkriegstraktor T 32 A (32 PS) von O&K

Die Periode von 1945 bis 1950 war in hohem Maß die Zeit der Neueinsteiger. Etliche kluge Kaufleute und innovative Techniker, die bis dahin kaum etwas oder nichts mit der Herstellung von Schleppern zu tun hatten, erkannten den enormen Motorisierungsbedarf der Landwirtschaft. Für viele halbwegs intakt gebliebene mittelständische Unternehmen aus dem Metall- oder Maschinenbau-Bereich ergab sich darüberhinaus mit dem Bau von Schleppern die Möglichkeit, die alliierten Auflagen zu überwinden. Die Wege, die diese Hersteller dabei beschritten, waren zum Teil sehr identisch, zum Teil jedoch auch höchst unterschiedlich. Wir werden in einigen ausgewählten Beispielen auf solche Entwicklungen eingehen. Es begann die letztlich durchaus erfolgreiche Epoche der „Konfektionsschlepper", deren Hersteller alle oder die meisten Baugruppen (Motoren, Getriebe, Lenkungen, Achsen usw.) bei anderen Firmen einkauften und die Traktoren im eigenen Unternehmen lediglich montierten, wobei sie allenfalls die nötigen Blechteile wie Motorhauben, Kotflügel usw. selbst produzierten.

Nach dem Inkrafttreten des Marshall-Plans und der kapitalfreundlichen Währungsreform des Jahres 1948, mit denen die eigentlichen Nachkriegsjahre ihren Abschluß gefunden hatten, ging es relativ schnell auch mit den Traditions-Unternehmen aufwärts. Die gesamte Schlepper-Produktion stieg von 1949 auf 1950 um mehr als das Doppelte an! Neben der unvermindert wichtigen Leistungsklasse um 25 PS (die den 22er Einheitstyp der späten dreißiger Jahre ersetzte) galt die Aufmerksamkeit nun auch vermehrt der Motorisierung kleinbäuerlicher Wirtschaften, die leichtere Schlepper mit unter 20 PS Motorleistung benötigten.

Mit dem 15 PS Bauernschlepper kam Deutz 1950 an die Spitze der Neuzulassungen

Ackerschlepper

Deutz	6 257
Allgaier	4 817
Lanz Mannheim	4 738
Fendt	3 713
Fahr	2 432
Güldner	2 116
Normag	2 023
Kramer	1 890
Hanomag	1 872
Schlüter	1 218
Eicher	1 174
Lanz Aulendorf	1 174
MAN	1 007
Primus	394
O&K	307
Ritscher	298
Deuliewag	182
Bautz	159

Quelle: Klaus Tietgens, Traktor Classic 2/2000

Ackerschlepperbestände in Westdeutschland

LN-Fläche	Mai 1949	Mai 1951	Mai 1953
–5 ha	5 549	8 411	22 334
5–10 ha	7 941	20 332	51 767
10–20 ha	16 279	42 139	82 413
20–50 ha	30 361	51 565	73 242
über 50 ha	15 161	20 516	22 059

Quelle: BP Landtechnische Informationen 1954

Produktionsmengen westdeutscher Ackerschlepper

	1948	1949	1950	1951	1952
Inland	7 227	21 996	40 004	59 584	64 422
Export	751	2 244	12 078	20 959	22 883
Gesamt	7 978	24 240	52 082	80 543	87 305

Quelle: BP Landtechnische Informationen 1954

Der „kleine graue Fergy“ – hier noch der Benziner TE-D – sollte bald zum scharfen Konkurrenten auf dem deutschen Markt werden

Die wichtige Rolle, die diese Neueinsteiger zunächst gespielt hatten, war bis etwa Mitte der fünfziger Jahre beendet – allerdings begann bald danach auch eine Zeit, in der viele der renommiertesten Schlepperhersteller mit einer Bedeutung weit über die Grenzen Deutschlands hinaus zur Aufgabe gezwungen waren. Bei dieser Entwicklung kommt allerdings noch eine weitere Veränderung von großer Tragweite hinzu: schon bald nach 1950 kamen Import-Schlepper zweier wichtiger Marken auch auf den deutschen Markt, und beide kamen aus England. Die Rede ist natürlich vom Ferguson und, etwas später, vom Fordson.

Vor allem mit dem kleinen, graue Fergy war – spätestens ab 1953, als das Modell TE-F mit einem Vierzylinder-Diesel, 27 PS, zur Verfügung stand, auf Grund seiner überlegenen technischen Konzeption und seiner Eignung für praktisch alle Betriebsgrößen ein höchst ernst zu nehmender Konkurrent entstanden.

Die zu diesem Zeitpunkt noch weit hinten rangierende Hanomag hatte mit dem R 40, einer Vorkriegs-Konstruktion, und dem neuen R 25, der jedoch zunächst noch mit dem alten, in der Leistung für einen solchen Schlepper unzureichenden Motor D 19 auskommen mußte, noch nicht wieder ein konkurrenzfähiges Produktionsprogram (dies änderte sich schon ein Jahr später gründlich). Gleiches gilt für Lanz Mannheim, wo noch ausschließlich die technisch überholten Glühkopf-Bulldogs gebaut wurden. Deutlich wird der sensationelle Erfolg des Neueinsteigers Allgaier. Die Rangliste sollte sich in den Folgejahren mehrfach dramatisch verschieben.

Allgaier

Die Allgaier-Werke, 1906 im württembergischen Hattenhofen als Werkzeugfabrik gegründet, kamen erst nach dem Zweiten Weltkrieg zum Bau von Ackerschleppern. Zwei Faktoren waren für diesen Umstand maßgeblich: Da Allgaier von der amerikanischen Besatzungsmacht als Rüstungsbetrieb eingestuft worden war, lag die Wiederaufnahme der Produktion auf einem betont zivilen Sektor nahe und außerdem war der Sohn des Firmengründers, Erwin Allgaier, mit der Tochter Carl Kaelbles verheiratet, des Inhabers der bedeutenden Fahrzeug- und Motorenwerke in Backnang. Allgaier ließ bereits 1945/46 von einem Motorenkonstrukteur bei Kaelble, dem Ingenieur Paul Strohhäkker, einen liegenden Einzylinder-Dieselmotor mit Verdampfungskühlung entwickeln. Er arbeitet nach dem Wälzkammerverfahren, leistete 18 PS bei 1500 U/min, besaß auf der rechten Seite ein schweres Schwungrad mit Riemenscheibe und links eine Keilriemenscheibe für den Antrieb des Schleppers.

Dieser Motor (125 x 150 mm) war auf einem gepressten Plattformrahmen befestigt, der seinerseits an das Getriebe angeschraubt war. Der Schlepper wurde durch drei nachzuspannende Keilriemen angetrieben, die die Motorkraft auf ein Getriebe mit vier Vorwärtsgängen und einem Rückwärtsgang übertrugen. Er wurde bei Allgaier entwickelt und auch gebaut. Der Wasserkasten des Motors trug auf einer Seite den Schriftzug „Kaelble". Im Mai 1947 verließ der erste Allgaier-Schlepper von Typ R 18 das Werk in Uhingen, bis Jahresende waren es immerhin 20 Stück geworden. Die bewusst einfach gehaltene, äußerst robuste Bauweise des Bauernschleppers trug seinen guten Ruf weit über Württemberg hinaus.

1949, über 1 000 R 18 waren bereits verkauft, gab man die Motorleistung mit 22 PS an. Äußeres Kennzeichen des R 22 war vor allem eine größere Bereifung der Hinterräder. Auf eine Motorverkleidung aus Blech wurde aus Kostengründen verzichtet. Im Dezember 1949 betrug die monatliche Produktion 250 Stück, der Preis 5 695 DM. Unter rund 60 Firmen, die in dieser Zeit Schlepper produzierten, erreichte Allgaier den vierten Platz in den Verkaufszahlen!

1950 folgten der Typ A 22 mit Motorhaube und, auf Wunsch, elektrischem Anlasser und zwei stärkere Schlepper: die Modelle A 30 (35 PS) und A 40 (40, später 44 PS), deren stehende Zweizylindermotoren ebenfalls auf Kaelble-Konstruktion basierten.

Mit dem R 18 (links) **stieg Allgaier 1947 erfolgreich in die Traktoren-Prodution ein. 1949 gab Allgaier die Motorleistung des R 18 mit 22 PS an. Der Allgaier A 40** (oben) **mit 40 PS (später 44 PS) folgte 1950**

Alpenland

Der Alpenland zeigt seine Vierrad-lenkung

In den dreißiger Jahren betrieben die Brüder Schröter in Thüringen eine Fabrik, in der sie luftbereifte Anhänger und Ackerwagen herstellten. Der Konstrukteur unter ihnen, Ing. Kurt Schröter, war stets besonders an der Problemstellung interessiert, die Zugkraft eines Traktors dadurch zu erhöhen, dass dieser die Anhänger-Vorderachslast auf die Schlepper-Hinterachse übernahm: ein vor allem in Hanglagen sehr wirkungsvolles Prinzip, das zunächst mit dem „Thümag-Sattelladewagen" verwirklicht wurde.

Nach 1945 setzte man die Arbeit in der neu gegründeten Firma Alpenland Fahrzeugbau in Wolfratshausen/Obb. fort. Die Verwertung von den Alliierten zurückgelassener Militärfahrzeuge wies den Weg zum Bau eines eigenen Schleppers. Ohne aufwendigen und teuren Allradantrieb sollte ein leichter aber zugstarker Schlepper, wie er vor allem in Gebirgsgegenden gefragt war, dadurch geschaffen werden, dass er mit dem Zweiachsanhänger eine Fahrzeugeinheit bildete. Ein Teil des Anhängegewichts und das ganze Eigengewicht des Traktors sollten, je nach Bedarf, als Zug- oder Bremskraft nutzbar gemacht werden.

Der Schlepper, seine Typenzeichnung lautete GS 15, besaß, als er 1949 auf dem Bayerischen Zentrallandwirtschaftsfest in München vorgestellt wurde, den Einzylinder-MWM-Motor KDW 215 E mit 14 PS. Er verfügte über ein 6-Gang-Getriebe, wog 1090 kg, die Bereifung war 8.00 – 20 hinten, 4.50 – 16 vorn. Sein Radstand betrug 15300 mm. Die ausgeklügelte Technik verhinderte nicht nur das gefürchtete Aufbäumen an Steigungen und das Überschieben im Gefälle, sondern auch das Durchrutschen der Triebräder auf nassem Boden. Der GS 15 sollte 6 230 DM kosten. Zusammen mit dem eigens für ihn konstruierten Anhänger (1 280 DM) war der GS 15 eine fast perfekte, wenn auch nicht gerade billige Lösung.

Der wirtschaftliche Erfolg blieb aus: im ersten Halbjahr 1950 wurden nur 129 Alpenland-Schlepper verkauft. Auch danach vorgestellte Varianten mit 25 und 40 PS änderten daran nichts, so dass die Produktion bald eingestellt werden musste.

Bautz

Das um 1890 als Fabrik für Erntemaschinen in Saulgau/Oberschwaben gegründete Familienunternehmen wollte bereits Mitte der dreißiger Jahre die Traktorenproduktion aufnehmen. Eigens dafür gekaufte Werksanlagen wurden von den Nationalsozialisten jedoch für Rüstungsproduktionen verschiedener Art beschlagnahmt, während die Fertigung der Erntemaschinen weitergehen durfte und musste.

Nach dem Ende des Krieges nahm man schnell wieder eine führende Position im Landmaschinenbau ein, und auch der Wunsch, einen eigenen Schlepper zu bauen, kam wieder auf. Die Möglichkeit dazu ergab sich, als nach relativ kurzer Zeit die Firma Zanker den Bau ihres aufwendig entwickelten, kleinen Bauernschleppers wieder aufgeben wollte: ab 1950 nahm Bautz in Großauheim am Main die Fertigung des ehemaligen Zanker-Schleppers auf. Das gut ausgebaute Netz von Vertragshändlern kam dem Absatz der Traktoren zugute, und schon 1951 folgte der Typ AS 120. Dieser besaß einen Viertakt-Dieselmotor von MWM: den neuen Typ KD 11 Z – als einziges Baumuster in dieser kleinsten Leistungsklasse ein Zweizylindertriebwerk! Es hatte einen Hubraum von 1250 ccm und leistete bei 1800 U/min 14 PS. Das Getriebe mit fünf Vorwärtsgängen (davon ein Kriechgang) und einem Rückwärtsgang entwickelte und baute Bautz selbst. Der AS 120 wog mit Mähwerk 1 110 kg, mit Ballastgewichten maximal 1 395 kg. Seine Zughakenkraft im ersten Gang betrug 825 kg, die größte Brutto-Anhängelast auf ebener Straße acht Tonnen.

1950 übernahm Bautz die Produktion des Zanker-Schleppers (oben). **1951 wurde er vom Typ A 120 abgelöst** (rechts)

BTC Bavarian Truck Company

Eine Reihe kleinerer Unternehmen gelangte am Ende der vierziger Jahre über die Verwertung ausgemusterter Militärfahrzeuge der Alliierten zum Bau von Traktoren. Besonders der amerikanische Jeep stand hierbei im Mittelpunkt des Interesses. Die Bavarian Truck Company verfügte in München und Nürnberg über Werkstätten, in denen auf das Original-Chassis des Jeep mit seinen Vorder- und Hinterachsen kleine Dieselmotoren von Deutz, Hatz oder MWM moniert wurden. Für landwirtschaftliche Zwecke unverzichtbare Ausstattungen wie Zapfwelle, Riemenscheibe und Mähwerke wurden hinzugefügt. Das Jeep-Getriebe mit seinen sechs Vorwärts- und zwei Rückwärtsgängen ermöglichte Geschwindigkeiten zwischen vier und 40 km/h, der Vorderachsantrieb war bei Bedarf zuschaltbar: mit dieser Antriebstechnik war der BTC-Dieselschlepper, obwohl eine Behelfslösung, vielen regulären Konstruktionen mindestens ebenbürtig. Mit dem 11-PS-Motor F2M414 wog er 1150 kg, die Zughakenkraft im ersten Gang betrug 450 kg.

Die Verkaufszahlen ließen Optimismus zu, und man entwickelte das Fahrzeug weiter. 1950 erfolgte die Umbenennung des Unternehmens in „Bayerische Transportfahrzeuge Company GmbH". Das Jeep-Chassis wurde durch einen Profilstahl-Rahmen ersetzt, die Achsen und das Getriebe aber beibehalten. Es bestand nun Wahlmöglichkeit zwischen einem Zweitakt-Dieselmotor von Hatz mit 12 PS und einem MWM-Motor mit 14 PS. Die kleinen Traktoren bewährten sich ausgezeichnet, ihre Fertigung trug nicht unwesentlich zum Wiederaufbau der Schlepperindustrie und damit zur wirtschaftlichen Stabilisierung bei und demonstrierte die Vorzüge des Vierradantriebs.

Dieselschlepper BTC, ab 1950 nur noch mit dem Antriebsstrang des Jeep, Motor von Hatz oder MWM

Gebr. Boehringer

Zurück bis in den Spätsommer des Jahres 1945 reichen die Überlegungen der Ingenieure Albert Friedrich und Heinrich Rößler, beide ehemals in der Pkw-, Flugmotoren- und Rüstungsentwicklung von Daimler-Benz tätig, einen vierradgetriebenen Allzweck-Traktor für die Landwirtschaft zu bauen. Damit begann die Weltkarriere eines Fahrzeugs, die ebenso unvergleichlich ist wie dieses selbst: Die Rede ist vom Unimog.

Nur sieben Monate nach den ersten Zeichnungen, am 9. Oktober 1946, stand das erste Fahrgestell für Probefahrten im Hof der schwäbischen Gold- und Silberwarenfabrik Erhard & Söhne. Seinen Vergasermotor hatte man von Daimler-Benz bezogen, wobei man den dort bereits auf den in der Erprobung befindlichen, schnelllaufenden Vierzylinder-Vorkammer-Diesel OM 636 aufmerksam gemacht wurde, auf einen Motor, der ebenfalls ein echter Klassiker werden sollte, und der vor allem wie eine Maßanfertigung zum Unimog passte. In der bei diesem zum Einbau gelangten Version leistete die Maschine 25 PS bei 2 520 U/min.

Diese Werte stießen bei vielen Praktikern durchaus auf Skepsis, und die Bewährung, etwa beim Pflügen, stand ja noch aus. Bei der Suche nach Möglichkeiten, das inzwischen ebenfalls neu konstruierte Sechsganggetriebe bauen zu lassen, ergab sich die Zusammenarbeit mit der Werkzeugmaschinenfabrik Gebr. Boehringer in Göppingen: ein ehemaliger Rüstungsbetrieb der in Gefahr war, demontiert zu werden. Obwohl nicht auf eine Fahrzeugproduktion eingerichtet, begann man hier mit der Serienfertigung des Unimog. Die ersten zwei Exemplare standen 1948 auf der Frankfurter DLG-Ausstellung, das berühmt gewordene Boehringer-Wappen, den Ochsenkopf, auf der Motorhaube. Ein allradgetriebenes Fahrzeug, bis zu 50 km/h schnell, aber auch für Kriechgeschwindigkeiten eingerichtet. Mit Vorder- und Hinterachsfederung, Differentialsperren, vier gebremsten, gleich großen Rädern, mit einem Rahmen wie ein kleiner Lkw, mit zweisitzigem Fahrerhaus und Klappverdeck und einer kurzen Ladefläche, mit drei Zapfwellenabtrieben vorn, mittig und hinten und entsprechenden Anbaumöglichkeiten für Geräte sowie mit einer statischen Gewichtsverteilung von 2/3 auf der Vorder-, 1/3 auf der Hinterachse.

Ab 1949 ergaben sich bei Boehringer Kapazitätsprobleme, deren Lösung erhebliche Investitionen erfordert hätten. Nach Verhandlungen mit der Daimler-Benz AG, die als Motorenlieferant bereits eine Rolle spielte, ging die Produktion am 27. Oktober 1950 an diese über.

Eine Landmaschine, die die Nutzfahrzeugwelt verändern sollte: Der Unimog – zuerst gebaut bei Boehringer

Ein Deuliewag (links)**, der bis heute Rätsel aufgibt: Baujahr 1949 mit Deutz F2M414. Möglicherweise Deuliewags erster Nachkriegsschlepper** (oben)**, 1949 gebaut in Kiel?**

Deuliewag

Nach dem Ende des Zweiten Weltkrieges waren die Berliner Fabrikanlagen verloren und es dauerte vergleichsweise lange, ehe in Lübeck-Siems neue Fabrikhallen gefunden waren. Man begann erst 1949 mit der Wiederaufnahme der Schlepperproduktion – also zu einem Zeitpunkt, da die Konkurrenz bereits seit einem oder zwei Jahren wieder auf dem Markt war. Dieser Umstand sollte nicht ohne Auswirkungen bleiben.

An die Stelle des bisherigen Hauptlieferanten für Motoren, Güldner, war die MWM getreten, und man stellte Bauernschlepper mit 15, 24, 30, 33 und schließlich 36 PS auf die Räder, von denen vor allem die Modelle D 24 und D 240 ein sehr formschönes, ausgewogenes und charakteristisches Aussehen hatten. Auch in technischer Hinsicht entsprachen sie dem Stand ihrer Zeit, der D 240 verfügte über einen der ersten Kraftheber, die pneumatische Pentax-Ausführung von Stockey & Schmitz. Weil der Absatz stagnierte, waren nur geringe Stückzahlen erreichbar.

Vielleicht war es der Griff nach dem rettenden Strohhalm, als sich Dr. Jeroch zum Bau einer wahrhaft sensationellen Neuentwicklung entschloss. Schon seit längerem stimmte er mit dem renommierten Agrartechniker Prof. Gerhard Preuschen darin überein, dass ein moderner, leistungsfähiger Ackerschlepper über vier möglichst hohe und schmale und vor allem gleich große Antriebsräder sowie über eine statische Gewichtsverteilung von 2:1 im Verhältnis von Vorder- zur Hinterachse verfügen müsste. Motorleistung und Gesamtgewicht konnten dagegen eher niedrig gehalten werden. Jeroch stieg in das Projekt ein. Ab 1950 wurde der Deuliewag Record auf den Markt gebracht. Er hatte den MWM-Wirbelkammermotor KDW 415 Z, der anfangs 22 PS, ab 1951 25 PS leistete. Der Bodendruck des in Blockbauweise ausgeführten Schleppers betrug nur 0,8 kg/cm^2. Der Record erbrachte gerade auf schwerem Boden Leistungen, die von wesentlich stärkeren und schwereren Schleppern kaum zu erfüllen waren. Das revolutionäre Konzept war eine, der Verkaufspreis von 8 750 DM eine andere Sache, wobei weder Riemenscheibe, Kraftheber, Mähwerk oder Allwetterdach eingeschlossen waren. Als einem der kleinsten Hersteller der Branche war es der Deuliewag nicht möglich, preiswerter zu produzieren.

Die konservative Haltung vieler Landwirte mag dazu beigetragen haben, dass die Produktion dieses außerordentlich vielversprechenden Modells und mit ihr die gesamte Deuliewag-Schlepper-Fertigung 1952 eingestellt werden musste.

Deutz

Im Ulmer Zweigwerk begann die Nachkriegsproduktion mit dem konkurrenzlos erfolgreichen, legendären „Elfer", von dem bis zum Erscheinen seines luftgekühlten Nachfolgers (mit dem er noch eine Zeit lang parallel gebaut wurde) zwischen 1945 und 1950 noch einmal 8.990 Exemplare verkauft werden konnten. Die aktuelle Ausführung des Schleppers erhielt einen vierten Vorwärtsgang sowie ein Fuß-Gaspedal und hörte auf die Bezeichnung F1M414/49. Die Motorleistung betrug nun 12 PS. Eine Schmalspur-Variante ergänzte die Baureihe.

In Ulm wurde auch die Fertigung des schweren Mittelklasse-Typs F2M417 weitergeführt, dessen Leistung von 30 PS auf 35 PS bei 1.350 U/min angehoben wurde. Bis 1952 blieb der 35er im Programm, er erreichte eine Stückzahl von 2 388 Exemplaren, bei denen eine elektrische Anlass-Vorrichtung sowie Lenkbremsen zur Serienausstattung gehörten. Auch der größte Leistungsbedarf von Land-, Bau- und Transportwirtschaft konnte bedient werden durch die Wiederaufnahme des Dreizylinders F3M417 mit einer Leistung von 50 PS, dessen Produktion, ebenfalls parallel zu den neuen luftgekühlten Deutz-Schleppern, bis 1952 anhielt.

Der „Elfer" war zum „Zwölfer" geworden (oben). **Der letzte schwere „Wasserdeutz" war der F3M417** (rechts), **gebaut bis 1952**

Zweiter in der 514er Baureihe war der F2L514, anfangs mit 28 PS, hier die seltene Allzweck- beziehungsweise Hochrad-Ausführung

Bereits im Krieg hatte Deutz mit der erfolgreichen Entwicklung luftgekühlter Dieselmotoren begonnen. Die Baureihe hieß 514, sie umfasste Ein-, Zwei-, Drei- und Vierzylinder-Aggregate. Dabei war der größte Typ entwicklungsgeschichtlich der erste der Reihe, jedoch nicht im Schlepperbau. Hier begann man 1950 in Köln mit dem auf der Basis des F1M414 entwickelten Einzylinder-Typs F1L514/50. Er besaß, wie der „Elfer", eine rollengelagerte Kurbelwelle und auch dessen Halbschalen-Getriebe (4 V/1R). Im Gegensatz zu jenem erhielt er eine gefederte Vorderachse, und ab November 1950 gab es eine Hochrad-Version mit der Bereifung 6,50 – 32, ab 1951 dann auch wieder einen schmalen Plantagenschlepper. Die 514er Motoren besaßen folgende Daten: Bohrung 110, Hub 140 mm; der Einzylinder hatte bei 1.330 cm^3 eine Nennleistung von 15 PS bei 1.650 U/min.

1950 kam der Typ F2L514/50 hinzu, dessen Zweizylinder-Aggregat 28 PS bei 1.550 U/min abgab und das mit dem ZF-Triebwerk A 15 verblockt war. Auch von ihm gab es noch im selben Jahr eine Allzweck-Ausführung mit 9 – 42er Bereifung, geänderter Getriebeübersetzung, anderen hinteren Kotflügeln und gänzlich anders aufgebauter Vorderachse/ Vorderachsbock. Erst ein Jahr später folgte mit dem F3L514, zunächst mit 42, später 45 PS, der luftgekühlte Nachfolger der schweren wassergekühlten Zwei- und Dreizylinder aus dem Hause Deutz.

Eicher

Die Geschichte des Traktorenbaus bei Eicher begann im Jahr 1936. In Forstern war man bald so erfolgreich mit einem Vertreter der 22 PS-Einheitsklasse, dass das junge Unternehmen im Schell-Plan berücksichtigt wurde. Während des Krieges wurden keine Schlepper gebaut, dafür jedoch luftgekühlte BMW-Motoren für Flugzeuge. Die dabei gewonnenen Erfahrungen veranlassten die Eicher-Brüder, einen luftgekühlten Schleppermotor zu entwickeln. Dessen Vorteile waren nicht zu leugnen: niedrigeres Gewicht, vereinfachte Wartung, ausgezeichnete thermische Eigenschaften.

Der luftgekühlte Motor im Schlepper war so erfolgreich, dass kaum ein Motoren- oder Schlepperhersteller darauf verzichten konnte, zumindest einige solcher Varianten ins Programm zu nehmen. 1948 wurde mit dem ED 16 der erste luftgekühlte Ackerschlepper der Welt vorgestellt. Der Eicher-Diesel, ein Direkteinspritzer, besaß ein auf der rechten Seite angeordnetes Radialgebläse, das die Luft an den Kühlrippen und am Zylinderkopf vorbeipresste.

Der Hubraum des Einzylinders betrug 1425ccm. Mit ZA-Getriebe (4 V/1 R) versehen, war der Schlepper 2422 mm lang, hatte einen Radstand von 1520 und einen Wenderadius von 4500 mm und wog 1450 kg. Bis zum Ende des ersten Produktionsjahres wurden 251 Stück des ED 16 abgesetzt: ein großer Erfolg für das Unternehmen, der noch dadurch gesteigert wurde, dass die für 1949 vorgesehene Stückzahl von 500 bereits im Februar ausverkauft war. Diese Entwicklung hielt in den Folgejahren an – 1953 wurde der 10 000ste Eicher-Diesel verkauft!

Eicher ED 16, noch vor dem 15er Deutz, ab 1948, der vielleicht erste luftgekühlte Schlepper der Welt

Der erste schwere Fahr war der D 30 L (links) **mit Deutz-Motor F2L514, ab 1951. Aus dem selben Jahr stammt der Bauernschlepper D 17** (unten) **mit Güldner-Motor**

Fahr

Johann Georg Fahr gründete 1870 in Gottmadingen (Baden) eine Landmaschinenfabrik, die schnell zu einem der führenden Unternehmen der Branche in Europa wurde. Vor allem auf dem Gebiet der Erntetechnik gab es kaum einen Bereich, in dem Fahr nicht Maßstäbe setzte. 1938 jedoch wurde der erste Ackerschlepper gebaut: der Typ F 22. Ab 1942 gehörte Fahr zu den Herstellern, die in großer Zahl Holzgas-Schlepper produzierten – dies möglicherweise auch, unter Verwendung vorhandener Teile, in den ersten Monaten nach Kriegsende.

Es dauerte bis zum Jahr 1948, ehe man mit dem Typ D 28 die Produktion wieder beginnen konnte. Dieser hatte den Zweizylinder-Wälzkammermotor 2 F von Güldner (105 x 150mm, 2558 ccm), der 28 PS, bald darauf 30 PS (D30) bei 1500 U/min leistete sowie das Fahrgetriebe F 15 (5 V/1 R). Der D 28 zeichnete sich durch eine sehr markante Formgebung aus, die vielleicht, obwohl ihn seine Daten (Länge 1980, zul. Gesamtgewicht 2600 kg, Bereifung 6.00-16 bzw. 11.25-24) durchaus empfehlenswert erscheinen ließen, einen größeren Verkaufserfolg verhinderten. Mit dem D 22 begann die Entwicklung einer ausgebauten Typenreihe.

Bald schon wurden luftgekühlte Deutz-Motoren verwendet, erstmals beim Modell D 30 L mit dem F2L514, 30 PS und eigenem Getriebe. Wie der L 30 von Eicher, so war auch der Fahr ein Schlepper, der sich mit dem entsprechenden Deutz-Modell in jedem Punkt vergleichen lassen konnte: 2990 mm lang, Radstand 1843 mm, Eigengewicht 1975, zul. Gesamtgewicht 3480 kg, Bereifung hinten 11-28. In seiner Bauzeit von 1951 bis 1953 war der D 30 L einer der meistverkauften Traktoren seiner Klasse. 1951 verließ bereits der insgesamt 10 000ste Fahr-Schlepper das Werk. Auch im unteren Leistungsbereich war Fahr aktiv, zum Beispiel mit dem Typ D 17 (Motor Güldner 2 D 15, 85 x 115 mm, 1304 ccm, 17 PS bei1800 U/min) und anderen ausgereiften leichten Universalschleppern.

Fendt

Bei Fendt, heute seit vielen Jahren einer der beiden stets wechselnden Marktführer in Deutschland, stand am Beginn ein selbstfahrender Motormäher, der 1929 von Hermann Fendt in der väterlichen Landmaschinenwerksatt in Marktoberdorf (Allgäu) gebaut wurde. Nachdem ein liegender Deutz-Dieselmotor mit Verdampfungskühlung verwendet wurde, war das legendäre „Dieselroß“ entstanden, das eine lange Reihe außerordentlich bewährter Bauernschlepper auf hohem Qualitätsniveau begründete. Unter anderem gelang Fendt auch die Konstruktion der ersten unabhängigen Zapfwelle in einem Schlepper.

Ab 1942 mussten auch bei Fendt Holzgas-Schlepper gebaut wurden, und wie bei Fahr hielt diese Fertigung noch bis ins Jahr 1946 an. Der Fendt G 25 verfügte über den Deutz-Einheitsgasmotor GF2M115 oder über den (baugleichen) Südbremse-Motor TG115, den Einheitsgenerator EG 60 und Getriebe von Prometheus (Ass 14) oder ZP (A 12 G).

1949 wurde die Produktion des Typs F 18 aus den dreißiger Jahren in überarbeiteter Form aufgenommen, nun mit Haube als Typ F 18 H. Auch der rahmenlose „Einheitsschlepper“ F 22 erlebte 1949 noch eine kurzfristige Neuauflage als F 22 VZ, mit dem die Jahrzehnte währende Zusammenarbeit mit MWM als Motorenlieferant begann. Bald entstanden auch einige Prototypen mit MWM- Zwei- und Dreizylindermotoren und Vierradantrieb. Bis zur ersten Neukonstruktion der Nachkriegszeit, die in Serie ging, dauerte es dann nicht mehr lange. Schon im gleichen Jahr begann die Fertigung des kleinen Typs F 15, 1950 schließlich löste der F 25 mit dem MWM-Aggregat KD 415 Z und eigenentwickeltem Getriebe den F22 VZ endgültig ab.

Weitaus höhere Verkaufsergebnisse erzielte der Typ F 15, auch er war in der rahmenlosen Blockbauweise gehalten. Sein Einzylindermotor KD 415 E (100 x 150 mm, 1178 ccm) leistete 15 PS bei 1600 U/min. Natürlich hatte auch der F 15 die unabhängige Zapfwelle, ein Mähwerk mit Rutschkupplung, Lenkbremsen usw. Er war 2 433 mm lang (Radstand 1 593 mm), die Spurweite war verstellbar, der äußere Wenderadius betrug 2 160 mm, das Gewicht 1 150 kg. Für 6 095 DM war der F 15 ein nahezu perfekter Schlepper für den bäuerlichen Familienbetrieb.

Modellpflege einerseits und die Weiterentwicklung der bewährten Typen andererseits verschafften Fendt eine weit über Süddeutschland hinausreichende starke Marktposition.

Von 1949 bis 1951 gebaut: der Fendt F 18 H, ein formschöner „Schwungrad-Schlepper“ (oben), **und der Fendt F 22 VZ** (links)

Auch bei Güldner begann die Nachkriegsproduktion mit Holzgas-Rückbauten. Ab 1946 jedoch gab es den A 28 (links) **mit dem alten Motor 2F. Erste echte Neukonstruktion war 1949 der Bauernschlepper A 15** (unten)**, ab 1951 AF 15**

Güldner

Die 1904 von Hugo Güldner, einem Pionier des Verbrennungsmotors in Deutschland, zusammen mit Georg von Krauss und Karl von Linde gegründete Güldner Motoren Gesellschaft war Mitte der dreißiger Jahre einer der führenden Anbieter von stationären Dieselmotoren, dessen Produktionsumfang vom Kleindiesel bis zum 700 PS-Motor reichte. Obwohl schon 1938 ein leichter Bauernschlepper mit 20 PS in Serie ging, begann eine auch zahlenmäßig größere Produktion eigener Traktoren bei Güldner jedoch erst nach Kriegsende. Ab 1946 wurde mit dem bewährten Zweizylindermotor 2 F, der schon den schweren Deuliewag DA 32 angetrieben hatte, der Güldner-Ackerschlepper A 28 auf den Markt gebracht. Der Schlepper in Blockbauweise entsprach deutlich der Vorkriegszeit, er war robust und leistungsstark. Das ZA-Getriebe (Renk) vom Typ SG 22-28/4 (4 V/1 R) hatte serienmäßig Zapfwellenabtrieb. Die Bereifung war 6.00-16 bzw. 11.25-24, die Länge betrug 2920, der Radstand 1790mm, das Eigengewicht 1825 kg. Im Zuge der Weiterentwicklung wurde aus dem A 28 nach zwei Jahren und 1 113 Stück der Typ A 30, der eine Blechverkleidung des durchaus markanten Kühlers erhielt.

Ebenfalls 1949 kam ein völlig neu entwickelter Kleinschlepper auf den Markt, der A 15. Er besaß den neuen Zweizylindermotor 2 D 15 (85 x 115 mm, 1304 ccm, 16 PS bei 1800 U/min) und das ZA-Getriebe (Renk) SG 14/4 (4 V/1 R). Seine Bereifung war 5.00-16 bzw. 8.00-20. Der A 15 war 2650 mm lang (Radstand 1550 mm) und wog 1225 kg. Mit diesem Typ, der bereits ein Jahr später vom AF 15 (mit Fünfganggetriebe ZP A 8) abgelöst wurde, begann bei Güldner die „Haifischmaul"-Baureihe, so bezeichnet nach der charakteristischen, über dem Kühler ein Dreieck mit abgerundeten Ecken bildenden Motorhaube. Diese Gestaltung wurde bis Ende der fünfziger Jahre beibehalten, auch parallel zu einem inzwischen wesentlich moderneren Design der Haubenform. Vom A 15/AF 15 wurden insgesamt 7 368 Stück produziert.

Erste Neukonstruktion war der Allzweckschlepper R 25, ab 1949 (links). **Ab 1951 ging es in Hannover aufwärts, das perfekte Bauprogramm begann mit dem R 16** (unten)

Hanomag

Wie bei den anderen großen Marken Deutz und Lanz verfügte man auch in Hannover nach 1945 über eine bereits jahrzehntelange Erfahrung im Bau von Traktoren höchster Qualität. Dennoch war es für Hanomag ein schwerer Start in die Nachkriegsepoche. An Neukonstruktionen war zunächst nicht zu denken. Es musste auf das zwar außerordentlich bewährte, aber nicht mehr ganz den Anforderungen der Zeit entsprechende Typenprogramm zurückgegriffen werden. Zwar lagen der schwere Radschlepper R 40 und die Raupe KV 50, beide mit dem legendären Motor D 52, mit 40 bzw. 50 PS gut im Rennen. Aber für kleinere Höfe fehlte der richtige Schlepper, denn der RL 20 mit seinem aus dem Pkw-Bau entnommenen kleinen Vierzylinder-Diesel D 19 war schon in der Vorkriegszeit nicht viel mehr als ein Notbehelf gewesen

Die erste Neukonstruktion der Hannoveraner nach dem Krieg folgte einem völlig neuen Konzept. Die hohe „Allzweck-Bereifung“ der Dimension 9.00-40, auf großen Speichenrädern, in den dreißiger Jahren unter erheblichen technischen Problemen von Lanz und Continental entwickelt, war für den R 25 ebenso charakteristisch wie die völlig neue Halbrahmenbauart, also eine Kombination von Rahmen- und Blockbauweise, bei der Getriebe, daran angeflanschte Halbachsen und die an das Getriebe angeschraubten, um den Motor herumführten U-Profil-Träger einen Rahmen bildeten. Motor und Getriebsgehäuse waren in gewohnter Weise miteinander verflanscht, jedoch musste nun, um den Motor auszubauen, der Schlepper nicht getrennt werden, sondern er blieb auf allen vier Rädern stehen, da die gefederte Pendelvorderachse unter dem Kühler am Halbrahmen befestigt war. Das Hanomag-Getriebe (5 V/1 R) war günstig gestuft, Zapfwelle und Riemenscheibe serienmäßig. Die Leistungsangabe für den D19-Motor lautete 20 PS bis 25 PS bei 2000 U/min. Er erwies sich in der Praxis bald als zu schwach. Ab 1950 konnte er kostenlos gegen den neu entwickelten D 28 mit echten 25 PS ausgetauscht werden.

Dreifache Spurverstellung bei der großen Bereifung, hohe Bodenfreiheit sowie andere Bereifungsvarianten machten diesen zukunftsweisenden Schlepper, der auch mit hydraulischem Kraftheber, Frontlader, Seilwinde, Dach usw. ausgerüstet werden konnte, zu einer der meistbeachteten Neuerscheinungen auf dem Schleppermarkt der frühen Nachkriegszeit. Sein Einführungspreis betrug 9 750 DM. Auf der DLG-Ausstellung 1951 in Hamburg wurde er vom Typ R 28, der ihm weitgehend glich, jedoch den Motor D 28 besaß, abgelöst.

HELA

Es ist keinesfalls alltäglich, dass sich zwei Unternehmen gleichen Namens in der gleichen Branche als Konkurrenten begegnen. Bei der 1888 gegründeten Landmaschinenfabrik Hermann Lanz in Aulendorf (Oberschwaben) und Heinrich Lanz in Mannheim war dies der Fall. Eine verwandtschaftliche Beziehung besteht nicht.

Der Weg zum Schlepperhersteller verlief in der für süddeutsche Verhältnisse typischen Weise. 1929 wurde der erste selbstfahrende Grasmäher gebaut, der auf den Kraft verheißenden Namen „Samson" getauft wurde. Während der Kriegsjahre wurden auch in Aulendorf Holzgas-Schlepper gebaut. Es dauerte bis 1949, ehe die Produktion wieder in Gang kam. Motorenlieferant war nun MWM, Fünf- und Achtganggetriebe und Vorderachsen baute man selber. Insofern hob sich Lanz-Aulendorf von den herkömmlichen Konfektionären durchaus ab. Zunächst bestand die Baureihe aus drei Typen mit 14, 22 und 28 PS, wobei mit dem 28er erstmals der Versuch gemacht wurde, einen Schlepper für größere Landwirtschaftsbetriebe anzubieten. Auch an seine Verwendung als Straßenschlepper wurde gedacht. Umfangreich war die Serienausstattung aller Modelle: Zapfwelle, Mähwerk, Riemenscheibe, Differentialsperre und elektrische Beleuchtung ohne Aufpreis – das gab es nirgendwo sonst!

1951 entstand, zur eindeutigen Unterscheidung von dem großen Namensvetter in Mannheim, der neue Name „Hela", unter dem die Traktoren künftig angeboten wurden und der sich überraschend schnell durchsetzte. Der 14-PS-Hela (Motor MWM KDW 215 E, 100 x 150mm, 1 179 ccm, 14 PS bei 1500 U/min) war ein anspruchsloser, robuster Bauernschlepper. Er verfügte neben den schon erwähnten Ausrüstungen auch über Lenkbremsen und verstellbare Spurweite, seine Länge betrug 2 450 mm, das Gewicht 1 300 kg. Die Zugkraft am Haken wurde mit 700 kg gemessen, der Verbrauch des MWM-Motors mit 195 g/PSh. Mit dem 28-PS-Typ D 47 (Motor KD 415 Z, 100 x 150mm, 2350 ccm, 28 PS bei 1550 U/min), mit Hela-Fünfganggetriebe verfügte man über einen schweren Mittelklasse-Schlepper, der beachtliche Leistungen erbrachte. Unter Betätigung der Einzelrad-Lenkbremsen betrug sein Wendekreisradius nur 2,75 m, die Bereifungsgröße war 6.00-16 bzw. 11.25-24. Mitte der fünfziger Jahre erreichte die jährliche Produktion der Hela-Schlepper über 2 000 Stück.

Bei Lanz Aulendorf gab es ab 1949 den D 47 mit Deutz F2M414, 25 PS

Hoffmann

Hannover war nicht allein Sitz der großen Hanomag, sondern auch der eines weiteren, ambitionierten Traktorenherstellers: der Hannoverschen Fahrzeugfabrik Hoffmann & Co. Hier waren in den dreißiger Jahren die kleinen und mittelschweren Hanno-Straßenzugmaschinen entstanden, die mit Junkers- oder Deutz-Motoren ausgerüstet waren.

Nach dem Zweiten Weltkrieg versuchte man zunächst mit den Straßenschleppern Typ 500 und 501, die ihre Ein- bzw. Zweizylinder-Deutz-Motoren wiederum im Heck hatten, an die Vorkriegstradition anzuknüpfen, jedoch ohne Erfolg. Daneben entstand der Ackerschlepper Typ 601, eine Konstruktion, die sich durch eine sensationelles Detail auszeichnete. Waren es bei dem süddeutschen Hersteller Alpenland die sinnreiche Lenkung und Zugkraftverstärkung, so bot der Hoffmann erst- und einmalig in der Geschichte des Traktorenbaus eine gefederte Hinterachse bei rahmenloser Blockbauweise, also etwas, was eigentlich gar nicht geht! Der Deutz-Motor F2M424 (22 PS) war wie üblich mit dem Getriebe (ZF A 15,5 V/1 R) verflanscht, an die Stelle der hinteren Starrachse traten jedoch zwei drehstabgefederte Pendelhalbachsen, die direkt am Getriebegehäuse abgestützt waren. Die Pendelvorderachse war an der Querfeder gegen den Motorblock abgestützt. Das Ergebnis dieser genialen, vor allem aber menschenfreundlichen, Konstruktion war ein bis dahin völlig ungekannter Fahrkomfort auf einem Ackerschlepper.

Ob es nun am Verkaufspreis oder an anderen Ursachen lag, kann nicht mehr geklärt werden. Tatsache ist, dass auch der Hoffman Typ 601 keine Resonanz am Markt fand. Das völlig aus dem Rahmen des Gewohnten fallende Konzept rechtfertigt jedoch allemal seine Berücksichtigung.

Hoffmann Ackerschlepper Typ 601 von 1950. Sachen gibts, die gibts gar nicht: Blockbauweise mit gefederter Hinterachse

IFA

Im Osten Deutschlands, der früheren DDR, befand sich der Kraftfahrzeugbau in einer nahezu aussichtlosen Nachkriegssituation: Zum einen lagen die Standorte der Branche überwiegend in West- und Süddeutschland, zum anderen hatten in den wenigen Betrieben, die es östlich der Elbe gab, umfangreiche Demontagen zwecks Reparationsleistungen stattgefunden. Die nunmehr volkseigenen Betriebe wurden 1947 zum Industrieverband Fahrzeugbau (IFA) zusammengeschlossen und ab 1948 unter zentrale Leitung gestellt. Unter der Bezeichnung IFA sollen die DDR-Traktoren hier subsumiert werden, obwohl dies, streng genommen, nicht für die gesamte Dauer der Produktion korrekt ist.

Dabei waren die Bedingungen für den Bau von Traktoren noch vergleichsweise günstig. Einer seiner traditionellen Standorte war die thüringische Stadt Nordhausen am Harz, zwei andere ergaben sich in Schönebeck an der Elbe sowie in Brandenburg an der Havel im ehemaligen Brennabor- bzw. Opel-Werk. Die Politik der Bodenreform und der späteren Kollektivierung der Landwirtschaft brachten einen hohen Bedarf hervor und Schlepper, die den Krieg überstanden hatten, mussten dringend ergänzt werden – an Ersatz war vorerst nicht zu denken.

Die Produktion begann in den ehemaligen Horch-Werken in Zwickau. Im Gründungsjahr der DDR, 1949, wurde hier der erste Schlepper, der RS 01/40 „Pionier" gebaut, der dem Famo bis auf geringe Unterschiede (2 PS weniger, also 40, Einspritzpumpe, Getriebeübersetzung) vollkommen glich. Mit diesem Typ war man für die Bearbeitung großer Flächen auf den schweren Böden Ostdeutschland gut ausgestattet.

1949 der erste Schlepper der DDR: RS 01/40 „Pionier", Nachbau des Famo-Radschleppers aus den dreißiger Jahren

Im RS 02 (oben)**, der „Brockenhexe“ mit dem nachgebauten Deutz F2M414, lebte 1949 der alte 22 PS-Einheitsschlepper neu auf. Ebenfalls ab 1949 wurde in der Stadt Brandenburg der RS 03** (rechts) **„Aktivist“ gebaut**

In den zum VEB Schlepperwerk Nordhausen zusammengefassten Betrieben der ehemaligen Normag und Orenstein & Koppel/MBA entstand, unter Verwendung wesentlicher, von deren Traktoren übernommener Bauelemente, ein weiterer, leichterer Schlepper, der RS 02 „Brockenhexe“ mit Deutz-Motor F2M414, dessentwegen es bald Lizenz-Probleme gab und der nach wenig mehr als 200 Exemplaren eingestellt wurde.

In der Stadt Brandenburg wurde, ebenfalls 1949, der VEB Brandenburger Traktorenwerke eingerichtet und die Fertigung des Mittelklasse-Typs RS 03 „Aktivist“ aufgenommen. Bei ihm hatte man auf den Entwurf des bei MBA in den Kriegsjahren entwickelten Holzgas-Schleppers zurückgegriffen. Der gesamte Maschinenpark musste also von Nordhausen nach Brandenburg an der Havel umgesiedelt werden – das konnte für keine Wirtschaftsform, schon gar nicht für ein geplante, rentabel sein.

Der außerordentlich kurze Zweizylindermotor in V-Anordnung (115 x 160 mm, 3225 ccm, 39 PS bei 1500 U/min) war mit dem ebenfalls kurz bauenden MBA-Getriebe für den Holzgaser verblockt. Der Aktivist, Eigengewicht 2040 kg, hatte den für die Leistungsklasse extrem kurzen Radstand von nur 1680 mm. War geringere Baulänge bei Holzgasschleppern durchaus erwünscht und angestrebt, wurde sie dem Aktivist zum Problem. Wenn der bärenstarke Motor anzog, ging der Trecker mit beinahe hundertprozentiger Sicherheit vorne hoch. Die geringe Vorachsbelastung (ein nach vorn verlängerter Vorderachsträger konnte daran nichts ändern) führte zu mangelhafter Lenkstabilität, selbst wenn die Räder wieder Bodenkontakt hatten. Es gibt ehemalige Aktivist-Fahrer, die zwar nicht einen feststeckenden Anhänger im Ganzen aus dem Modder gezogen haben, aber doch wenigstens dessen Vorderachse mitsamt dem Lenkschemel!

IHC

Obwohl schon 1908 in Neuss gegründet, wurde in dem deutschen Werk der International Harvester Company (IHC) erst 1937 mit der Schlepperproduktion begonnen. War es bereits in dieser Zeit nicht leicht mit der im Wesentlichen aus Amerika übernommenen Konstruktion des Farmall F12-G, der einen Vierzylinder-Vergasermotor besaß, auf dem deutschen Markt „anzukommen", zumal unter den politischen Bedingungen jener Jahre, galt dies umso mehr für die frühe Nachkriegszeit

Nach 1945 kam es nur sehr zögernd zur Wiederaufnahme der Schlepper-Produktion. Wie überall, waren auch in Neuss erhebliche Zerstörungen und Demontagen zu beklagen. Außerdem war der Vergasermotor als Antrieb für einen landwirtschaftlichen Traktor kaum noch zu verkaufen. Erst 1951 war seine Überarbeitung zum Dieselaggregat fertig. Mit den gleichen Daten war ein Wirbelkammermotor entstanden, der bei 1650 U/min 25 PS abgab. Er besaß einen Verstellregler, der über den gesamten nutzbaren Drehzahlbereich die Leistung konstant hielt. Mit diesem Dieselmotor konnten die noch laufenden F12-G werksseitig umgerüstet werden; der neue Schlepper hieß DF 25. Er hatte nun eine ZF-Roß-Lenkung, wahlweise Hinterradbereifung 9.00-42 oder 10-28 sowie als Besonderheit einen in verschiedene Richtung zu drehenden Auspuff-Schalldämpfer. Die Zughakenkraft war mit dem Dieselmotor auf 1 580 kg angewachsen.

Schnell nahmen nun die Verkaufszahlen zu. War der DF 25 ein Übergangsmodell, so stand ab 1953 eine völlig neu entwickelte Schlepperserie bereit.

Neubeginn mit alten Modellen auch bei der IHC in Neuss am Rhein:Der F 12 G

Kramer

Auch bei Kramer verlief die 1929 aufgenommene Schlepperproduktion in der beinahe typisch südwest-deutschen Manier: mit selbstfahrenden Mähmaschinen, aus denen schon bald Kleinschlepper mit verdampfungsgekühlten Kleindieselmotoren von Güldner entstanden, die den Anforderungen der dortigen Landwirte nahezu perfekt entsprachen. Die legendären „Kleinen Kramer " K 12 und K 18, die auch unter dem Namen „Allesschaffer", populär wurden, waren Bestseller, deren Ruf als unverwüstliche Kleintraktoren sich schnell im ganzen Land verbreitete. 1948 wurden der K 18, bis 1950 auch der K 12 noch einmal weitergebaut, nun mit den Güldner-Lanova-Motoren GW 20 bzw., beim K 12, entweder mit dem Deutz MAH 914 oder dem Güldner GW 14. Daneben stand ein Übergangsmodell, der K 28, im Grunde ein Rückbau des Kramer-Holzgas-Schleppers von 1942, dessen Südbremse-Motor TD 15 auf Dieselbetrieb umgerüstet und mit einem Kramer-Getriebe (5 V/1 R) verblockt war – eine gelungene Improvisation und der erste Kramer in rahmenloser Blockbauweise, der größere Stückzahlen erreichte

1950 wurde der K 18 durch den K 22 Th, auch als Jubiläumskramer bezeichnet, ersetzt. Er besaß noch immer den Güldner-Motor GW 20 (120 x 145 mm, 1639 ccm, 22 PS bei 1500 U/min), nur war die Verdampfungskühlung durch eine Thermosyphonkühlung ersetzt worden. Bei dieser leitete ein Lamellenkühler die Wärme ab, jedoch handelte es sich nicht um eine Umlaufkühlung mit Wasserpumpe. Der Jubiläumsschlepper besaß das neuentwickelte Kramer-Getriebe mit Zapfwellenabtrieb, einen Radstand von 1780 mm und wog 1650 kg. Bei ihm fand man eine erste Andeutung der später so kennzeichnend gewordenen, schönen, runden Fronthaubengestaltung. Er wurde in insgesamt 1 239 Exemplaren verkauft.

Kramers bewährter „Allesschaffer" (links) **wurde von 1948 bis 1950 gebaut. 1950 gab es das „Jubiläumsmodell", den K 22 Th** (oben)

Mit Thermosyphon-Kühlung auch für kleinere Höfe bestens geeignet: der Kramer K12 Th (oben)**, der 1950 auf den Markt kam. Der K 33** (links) **wurde zunächst mit MWM-Motor geliefert, ab Juni 1951 mit Deutz-Motor**

Ab März 1950 gab es den K 12 Th, bei dem der Deutz-Motor MAH 914 mit 11 PS bei 1100 U/min Verwendung fand, ihm folgte der K 12 V, wiederum verdampfungsgekühlt, aber mit runder, schwungvoller Haube und ein Verkaufsschlager: auf der DLG-Ausstellung in Frankfurt war er mit 3 575 DM der billigste aller ausgestellten Schlepper. Täglich wurden 40 Bestellungen entgegengenommen, bei Ausstellungsende war die Jahresproduktion ausverkauft. Insgesamt wurden 4 015 Exemplare des K 12 V gebaut. Bei dieser Sachlage war klar, dass die Schlepperproduktion für eine breitere Typenpalette ausgedehnt werden konnte, ja, werden musste.

Den Kleinen folgte ein Großer. Beim K 33 war der genannte MWM-Motor TD 15 mit dem ZF-Getriebe A 15 (5 V/1 R) verblockt. Das Ergebnis war ein sehr leistungsfähiger Mittelklasse-Schlepper (Radstand 1820 mm, Eigengewicht 1850, zul. Gesamtgewicht 2500 kg), aber doch auch eine Übergangslösung. Ab Juni 1951 folgte ihm der K 33 mit dem Motor F2 L Kramer-Traktoren mit luftgekühlten Deutz-Motoren einleitete. Für ihn gab es den Pentax-Kraftheber von Stockey & Schmitz, und auch eine Straßenversion wurde gebaut. Insgesamt 580 Exemplare des K 33 wurden hergestellt.

Lanz, Mannheim

Die Geschichte der Heinrich Lanz AG in Mannheim, jahrzehntelang größter Landmaschinen- und Schlepperproduzent Europas, ist hinreichend oft beschrieben worden und entsprechend bekannt. Noch im Jahr 1945 kam es unter unvorstellbaren Schwierigkeiten zur Produktion der ersten 45er und, wenig später, auch der 25 PS Bulldogs. Dabei wurden die meisten dieser insgesamt wenigen Exemplare aus übriggebliebenen Teilen der Kriegsproduktion (also vorwiegend der Holzgas-Bulldogs) montiert. Bis 1947/48 traten weitere Typen hinzu, aber erst im Jahr 1950 war das Vorkriegs-Typenprogramm der legendären Glühkopf-Bulldogs annähernd komplett lieferbar. Nur 1945 wurden noch einige wenige 55 PS-Raupenschlepper des Typs HRK gebaut.

1950 also standen die Typen D 3506, D 7506, D 8506, D 9506 und D 1506 zur Verfügung. Weggefallen waren die 25, 35 und 45 PS Eil-Bulldogs – allein der 55 PS Eil-Bulldog wurde weiterhin gebaut. Die Lücke der weggefallenen Typen sollte durch die sog. Verkehrs-Bulldogs mit 25, 35 und 45 PS-Motoren geschlossen werden. Die Typen D 7532, D 8532 und D 9532 waren von den Ackerluft-Maschinen relativ leicht abzuleitende Versionen, wie es sie ähnlich während der gesamten Bauzeit dieser Schlepper immer gegeben hatte. Nach mittlerweile vorliegenden Informationen kann der Verfasser nicht mehr ausschließen, dass es auch einen 55er Verkehrs-Bulldog, also einen D 1532, gegeben hat! Mit Federachsen, oftmals „Auspuff nach unten“ und Windschutzscheibe/Dach, immer aber mit vorderen und hinteren Kotflügeln (Universalkotflügel, die nicht wie beim Eil-Bulldog durch Trittbretter verbunden waren), u. a. Ausrüstungen wie Anlasszündung mit Pendelanlasser, kompletter Elektrik oder Bereifung mit Straßenprofil waren diese Bulldogs u. a. für Baugewerbe, Speditionen, Kohlenhändler, Schausteller konzipiert.

Zehn-Liter-Bulldog D 8506 mit Schutzbügel zum Anwerfen; am Lenkrad Friedrich Dumke Foto: Frank Brammer

55er Eil-Bulldog, hier ein D 2939 von 1949 (oben). **Bereits mit dachförmigen Kotflügeln: 45er Bulldog** (rechts) **für die französische Besatzungsmacht**

Die Maschinen der vierziger Jahre unterschieden sich technisch kaum von den Vorkriegs-Ausführungen. Ab 1949 gab es jedoch einige Detailänderungen, z. B. den von den landwirtschaftlichen Berufsgenossenschaften zur Verbesserung der Unfallsicherheit geforderten Haltebügel für das Lenkrad beim Anwerfen des Motors. Kurze Zeit danach wurde die Anwerfscheibe eingeführt, damit erhielt auch die nun völlig abnehmbare rechte Schwungradabdeckung eine andere Form. Bald wurden die bis dahin runden Kotflügel über den Hinterrädern durch eine dachförmige Ausführung ersetzt.

Wichtiger jedoch als diese, nur das äußere Erscheinungsbild des Bulldogs betreffenden Veränderungen war die Erweiterung des Typenprogramms um zwei neue Glühkopf-Modelle im Jahr 1950. Zum einen fand der berühmte 15 PS Bauern-Bulldog, Typenbezeichnung D 4506, als leichte Allzweck-Maschine einen direkten Nachfolger: den 16 PS „Seiten-Glühkopf"-Bulldog D 5506. Wie sein Vorbild aus dem Jahr 1939 war er auffallend schmal und bot beste Sicht auf die Anbaugeräte. Bodenfreiheit und Bereifung entsprachen ebenso wie die serienmäßige Zapfwelle seiner Bestimmung als echter Allzweck-Bulldog. Über dem Vorderachsträger befand sich ein durch eine Klappe zugänglicher Raum für Werkzeug, Heizlampe, Schmierölbehälter und Batterie. Der Zylinderkopf befand sich an der linken Schlepperseite im Vorderachsträger, vor dem Auspuff. Mittels einer quer brennenden Heizlampe wurde der Zündsack angeheizt. Allerdings verfügte der D 5506 serienmäßig über elektrische Anlaßzündung und Pendelanlasser, die das Anheizen in der Regel überflüssig machte. Der Motor (145x170 mm, 2.807 cm^3, 16 PS bei 950 U/min) stammte vom Fünfzehner, war allerdings gründlich überarbeitet. Der alte Nasenkolben war einem Flachkolben gewichen, die berühmte, verstellbare Lanz-Einspritzdüse war durch eine nicht verstellbare Ausführung von Bosch ersetzt worden. Um dennoch einen sicheren Leerlauf zu gewährleisten, war die Leerlauf-Drehzahl auf 40 U/min angehoben worden.

Die zweite Ergänzung der Modellpalette war der 20 PS Allzweck-Bulldog, offiziell ebenso ein D 3506 wie die Ackerluft-Ausführung. Ihm lagen die guten Erfahrungen zu Grunde, die mit dem D 7506-Allzweck seit 1939 gemacht worden waren. Von diesem unterschied er sich neben der geringeren Leistung des unveränderten 20 PS-Motors vor allem durch die stark abgewinkelte vordere Gabelachse, die nicht über Einzelradfederung verfügte. Es gab den 20er Allzweck-Bulldog mit zwei deutlich verschiedenen Ausführungen der Seitenbleche, die den Fahrerstand umgaben: einmal die spitz zum Motor hin verlaufende Form der Ackerluft-Ausführung, außerdem eine mit vorderer Spritzwand, die dem 25er Allzweck entsprach. Mit serienmäßigen Lenkbremsen, verstellbarer Spur, Zapfwelle, hydraulischem Vierpunkt-Kraftheber oder Anlasszündung wurde der 20 PS Allzweck-Bulldog zu einem der erfolgreichsten Nachkriegsmodelle der Mannheimer. Die schrittweise, aber letztlich endgültige Ablösung der Glühkopf-Ära bei Lanz erfolgte ab November 1952 mit der Vorstellung der ersten Typen der sog. Halbdiesel-Baureihe.

Im Jahr 1951 war unter gewaltigem Aufwand für Werbung und Propaganda der berühmte Lanz-Geräteträger „Alldog“ auf den Markt gekommen, die wahrhaft revolutionäre Konstruktion des Landtechnikers Prof. Wilhelm Knolle. Er war im Zweiholm-System aufgebaut und ermöglichte eine bis dahin nicht gekannte und nicht für möglich gehaltene Vielfalt an Geräteanbau und -kombinationen. Damit hätte er eine neue Ära in der Landtechnik einleiten können. Das Unternehmen hätte einen Erfolg dieses großen Wurfes dringend benötigt. Jedoch die Tatsache, dass das Fahrzeug keinen dem Ruf der Marke gerecht werdenden eigenen Motor erhielt, noch nicht einmal einen ausgereiften, zuverlässigen Diesel eines renommierten Motorenherstellers, ließen den Alldog von Anfang an auf dem Weg des Scheiterns fahren. Der TWN-Vergasermotor mit zunächst 12, dann 13 PS war weit und breit das ungeeignetste Aggregat, das für eine Landmaschine gefunden werden konnte. Auch Überarbeitungen, die zu einer Dieselvariante führten, konnten den Schaden nicht umkehren, der durch diese Fehlentscheidungen entstanden war. Der Prestigeverlust war ungeheuer.

Geräteträger Lanz Alldog beim Rübenroden

MAN

Wenig kontinuierlich verlief die Traktorenproduktion dieses im Bau von Nutzfahrzeugen und Dieselmotoren weltweit renommierten Unternehmens. Dessen ungeachtet entstanden Konstruktionen, die zu den Spitzenleistungen der Schlepperindustrie zählen.

Nach dem Zweiten Weltkrieg entwickelte man in Nürnberg einen Ackerschlepper der Mittelklasse. 1949 erschien der AS 325, eine völlige Neukonstruktion, mit der die Baureihe der legendären MAN „Ackerdiesel" eingeleitet wurde. Wieder in rahmenloser Blockbauweise, besaß dieser Schlepper einen Vierzylinder-Direkteinspritzer (88 x 110 mm, 2675 ccm, 25 PS bei 1500 U/min). Auch ihn zeichneten die bekannten Eigenschaften der MAN-Motoren mit ihrem Kugelbrennraum im Kolben aus. Das Getriebe (5 V/1 R) stammte von ZF, und auch eines der bedeutsamsten Details dieses Schleppers steuerte die Zahnradfabrik Friedrichshafen bei: die zuschaltbare, angetriebene Vorderachse. Mit diesem Vierradantrieb war MAN der erste Schlepperhersteller in Deutschland, der konsequent auf das Allrad-Prinzip setzte. Nicht der Allrad-Antrieb war hier die Sonderausführung, vielmehr war es der Schlepper mit Hinterrad-Antrieb! Der AS 325 verfügte serienmäßig über Zapfwelle, Riemenscheibe und Mähwerk – nicht nur über den Antrieb dafür. Er war 2 940 mm lang (Radstand 1 820 mm), wog 2 150 kg, die maximale Zugkraft am Haken betrug 1 800 kg und damit exakt so viel wie die des AS 250 von 1939 mit 50 PS, erheblich höherem Gewicht und – Hinterradantrieb! Der Antrieb der gefederten, pendelnd aufgehängten Vorderachse erfolgte durch eine Gelenkwelle auf der linken Seite des Schleppers. Bis zuletzt wurden zur besseren Lenkbarkeit relativ kleine Vorräder verwendet.

Ein anderes Charakteristikum der MAN-Traktoren ist, dass (fast) nie mit Motorleistung gegeizt wurde. Es gab in den frühen fünfziger Jahren keinen ausgesprochenen kleinen, leichten und gerade knapp ausreichend motorisierten MAN. Dies war ja nur konsequent, denn was sollte ein dürftig motorisierter Allrad-Schlepper. Die Ackerdiesel waren mindestens Mittelklasse-Traktoren mit Tendenz nach oben. 1950 schon brachte eine Vergrößerung des Hubraums auf 2925 ccm einen Gewinn von fünf PS beim AS 330. Aufsehen erregte er mit vorderen und hinteren, leicht montierbaren Zwillingsreifen für wenig tragfähige Böden. Nun kam auch die wahlweise Ausrüstung mit hydraulischem Dreipunkt-Kraftheber hinzu.

Nordtrak

Bereits 1946 erlangte der Ingenieur und Kaufmann Georg R. Wille die Genehmigung zur Herstellung landwirtschaftlicher Geräte in Hamburg-Bergedorf. Kurze Zeit später produzierte er Traktoren, zunächst einfache Einachs-Schlepper mit Horex-Motorradmotoren, ab 1947 jedoch Vierrad-Traktoren unter Verwendung von Jeep-Bauteilen, die er von der Steg-Organisation bezog: Achsen, Räder, Getriebe und Lenkung wurden original übernommen, der Rahmen gekürzt auf einen Achsabstand von 1 400 mm; der „Gerwi (Georg R. Wille)Motor-Stier" war geboren. Nach wie vor machte ihm ein Vergasermotor Beine, ab 1949 jedoch wurde er mit 11 PS Deutz-, 12 PS Zanker- oder 15 PS Bauscher-Dieselmotoren angeboten. Der Erfolg war überraschend groß, die Produktion florierte und verlangte mit bereits 120 Mitarbeitern nach einem Ausbau von Fertigungseinrichtungen und -kapazitäten.

Im selben Jahr umfasste das Programm zwei Schleppertypen: den Stier 20 (mit Deutz F1M414) und den Stier 21 mit dem Zweizylinder-Zweitakt-Dieselmotor B 2 S von Hatz, 22 PS, beide mit Viergang-Getriebe und 8.00-20er Bereifung. Der Stier 21 wog 1 650 kg. Im ersten Halbjahr 1950 wurden immerhin 95 Gerwi-Stiere verkauft. Nach anfänglich guter Zusammenarbeit kam es zwischen Wille und Westermann zum Zerwürfnis über finanzielle Fragen und Wille verließ das von ihm gegründete Unternehmen. Westermann führte es allein weiter unter Nordtrak – Norddeutsche Traktorenfabrik Franz Westermann, Hamburg-Lohbrügge.

1951 gab es, in Halbrahmen-Bauweise, den Nordtrak Stier 18 (Hatz-Motor B1 S, 16 PS), den Stier 21 und den Stier 30, einer der modernsten Ackerschlepper auf dem deutschen Markt, der nichts mehr mit den Jeep-Improvisationen gemein hatte. Mit dem vielfach bewährten Zweizylinder-MWM-Wirbelkammer-Diesel KDW 415 Z leistete er 28 PS bei 1500 U/min; der Schlepper hatte ein Fünfganggetriebe von Ford und die charakteristische, gleich große Bereifung 8-32 vorn und hinten. Serienmäßig waren elektrischer Anlasser, Zapfwelle und Mähantrieb (über die Zapfwelle). Er war 3 040 mm lang, hatte einen Radstand von 1 710 mm und wog 2 100 kg. Das Unternehmen setzte kompromisslos auf das Allrad-Konzept und baute das Programm mit höheren Motorleistungen aus. Die Monatsproduktion belief sich auf 30 bis 33 Schlepper.

Nordtrak Stier 30: er kam 1951 auf den Markt und gehörte zu den modernsten Ackerschleppern

Noch in Nordhausen, vor der Verlagerung nach Zorge, entstand dieser Normag (links). **Der erste, der aus Zorge kam, hieß NG 23** (unten)

Normag

Normag-Traktoren aus der thüringischen Industriestadt im Südharz hatten sich bereits in den dreißiger Jahren einen hervorragenden Ruf erworben. Der NG 22 gehörte zu den meistgebauten Modellen der 22PS-Klasse, nicht anders verhielt es sich mit dem Holzgaser NG 25, von dem im wie durch ein Wunder nahezu unbeschädigten Werk unter der sowjetischen Militär-Verwaltung im Jahr 1945 noch einmal 247 Exemplare aus vorhandenen Teilen gebaut wurden.

Da Nordhausen nach 1945 in der sowjetischen Besatzungszone lag, wurde das Werk aufgegeben. Unweit davon, in Zorge (Südharz), begann bereits 1946, mit 71 Stück, die erneute Schlepperproduktion mit dem Modell NG 23. Damit war Normag einer der ersten Anbieter nach Kriegsende. Kühler und Vorderachsträger stammten vom Vorkriegsschlepper. Der NG 23 hatte den MWM-Motor und ein kurzbauendes Stirnräder-Schubgetriebe aus eigener Fertigung. Die fehlende Motorhaube verlieh ihm ein äußerst improvisiertes Aussehen. Zwischen Motor und Getriebeblock war ein Rohrzwischengehäuse geflanscht, durch das sich ein längerer Radstand ergab. Das dicht an der Hinterachse befindliche Getriebe sorgte für überdurchschnittliche Adhäsion der Hinterräder. Das Rohrstück enthielt den Kraftstofftank, der Kraftstoff musste also mittels einer Förderpumpe zum Motor transportiert werden. Der relativ lange Radstand von 1 720 mm und die Bodenfreiheit von 650 mm in der Mitte ermöglichten den Zwischenachsanbau von Geräten: Normag war hier von der ersten Stunde Pionier dieser Bauweise. Die Bereifung war 5.50-16 bzw. 9.00-24. Das Eigengewicht betrug 1 620 kg, die maximale Anhängelast 15 t.

1947 wurde der Normag NG 23 vom NG 23 K (links) **abgelöst. Normag Dieselschlepper Faktor von 1951** (unten)

1947 wurde der NG 23 vom Typ NG 23 K abgelöst. Erstmals kam bei diesem der Zweizylinder-Normag-Dieselmotor BM 24 zum Einbau (100 x 150 mm, 2360 ccm, 25 PS bei 1500 U/min). Er war mit dem Getriebe verblockt, die Zapfwelle hatte einen Heck- und einen Frontanschluss. Bereits 1948 gab es diesen Schlepper mit pneumatischem Normag-Patent-Kraftheber und „Geräteschwingrahmen". Der Druckluftbehälter befand sich in dem Rohrstück zwischen Motor und Getriebe und ermöglichte nicht nur die Betätigung des Krafthebers, sondern auch das Kippen und Bremsen von Anhängern, das Reifenfüllen usw. Der NG 23 K war 2 670 mm lang, sein Radstand betrug 1 725 mm, das Eigengewicht 1 600 kg. Eine Verkehrsausführung konnte mit einem eigenentwickelten, festen Fahrerhaus mit zwei seitlichen Türen versehen werden. 1948 konnte der 1 000ste Nachkriegsschlepper ausgeliefert werden.

Ab 1950 gab es daneben den Einzylinder-Typ NG 15 (Motor BM 15, 1680 ccm, 17 PS bei 1680 U/min) sowie für kurze Zeit einen 33 PS-Schlepper, der jedoch den MWM-Motor TD 15 hatte. Aus diesem wurde der Normag NG 35 entwickelt, während der NG 15 die bald als Faktor-Reihe bekannten mittleren Typen einleitete.

Orenstein & Koppel

Die Maschinenfabrik O&K, 1876 in Berlin gegründet, wurde schnell zu einem der wichtigsten Hersteller von Dampf- und Motorlokomotiven, Eisenbahnwaggons, Feldbahnen, Baggern und anderen Transportsystemen. 1938 begann im Werk Nordhausen, der ehemaligen Maschinenfabrik Montania, der Bau von Ackerschleppern. Für die Holzgas-Ära, die nun auch in Nordhausen einsetzte, entwickelte das Werk, aus politischen Gründen umbenannt in MBA, einen extrem kurzen Zweizylinder-V-Motor, mit dem der überlange Radstand einer Holzgas-Zugmaschine verringert wurde.

Nach Kriegsende finden wir diesen Motor in beiden Teilen Deutschlands wieder: in der DDR beim IFA „Aktivist" und in der Bundesrepublik bei den ab 1950 wieder als O&K (die überfällige Rückbenennung war 1949 erfolgt) im Dortmunder Werk gebauten Traktoren. Wieder waren diese zunächst ein leichter Schlepper für den bäuerlichen Kleinbetrieb und ein Typ der mittleren Leistungsklasse. Die Motoren arbeiteten nun nach dem Wirbelkammerverfahren. Der T 16 A leistete 16, der T 32 A 32 PS (später 36 PS). Bei letzterem wurde der Zweizylinder-V-Motor (115 x 160 mm, 3224 ccm, Nenndrehzahl 1500 U/min) mit gekröpfter Kurbelwelle eingebaut. Die kurze Baulänge, beim Holzgaser willkommen, war hier nur bedingt von Vorteil. Zwar ermöglichte sie einen kleinen Wenderadius, jedoch neigte der T 32 A ebenso wie sein östliches Pendant, der Aktivist, beim scharfen Anziehen im ersten Gang dazu, Männchen zu machen. Als Getriebe fand das ZF A 15 (5 V/1 R) Verwendung. Auch die Lenkung stammte von ZF. Die maximale Zughakenkraft des 2 065 kg schweren T 32 A betrug 1 475 kg.

Sehr bekannt geworden ist eine Spezialausführung als Industrie-Traktor, bei der der Motor als Kompressor benutzt wurde. Durch Umlegen eines Hebels wurde ein Zylinder umgestellt und vom anderen, der weiter als Motor lief, angetrieben. Mitte der fünfziger Jahre wurde aufgrund zu geringer Verkaufszahlen die Schlepperproduktion bei Orenstein & Koppel eingestellt.

O&K Typ S 32 A mit 36 PS, im Dienst einer Berliner Spedition

Primus

Johannes Köhler hatte seine Traktorengesellschaft in Berlin-Lichtenberg bereits im Jahr 1932 gegründet, 1938 entstand erstmals ein Schlepper für die Landwirtschaft: der P 22 (Deutz-Motor F2M414, Prometheus-Getriebe Ass 14) wurde maßstabsetzend für die Kategorie der Einheitsschlepper in dieser Zeit. Seine Konstruktion wirkte bis weit in die fünfziger Jahre fort.

Schon vor Beginn der Luftangriffe auf Berlin war ein Zweigwerk im oberbayerischen Miesbach errichtet worden, in dem etliche hochinteressante Schlepper für kleinere Betriebe und die Grünlandwirtschaft entstanden. Bald nach Kriegsende nahm man in Miesbach die Traktorenproduktion wieder auf. Mit zahlreichen Bauteilen aus dem Altbestand wurden Schlepper gebaut, die den Vorkriegstypen weitgehend glichen. Allerdings wurden nun anstelle der Deutz-Motoren solche von MWM eingebaut (KD bzw. KDW 415 Z), das Prometheus-Getriebe durch ein ZF-Triebwerk ersetzt. Die Typenbezeichnung lautete wieder P 22.

1950 gab es die erste Neuentwicklung mit dem P 15 (MWM KDW 215 E, 14 PS bei 1500 U/min) sowie den Primus-Universalschlepper U 22 (KDW 215 Z, 22 PS oder Deutz F2M414). In dieser Zeit kam es zur Parallelproduktion nahezu identischer Modelle in einem weiteren Montagebetrieb in Worms, der von einem alten Mitarbeiter Köhlers, Peter A. Titus, geleitet wurde. Hier entstanden mehrere dieser als „Universalschlepper“ bezeichneten Traktoren, u.a. schwererer Typen, z.B. der U 33 G 4/5 mit dem MWM-Motor KDW 215 D, 33 PS und Vier- oder Fünfganggetriebe von ZA oder ZF, Gewicht 1 800 kg. Deutlich wurde dabei das Bestreben, das Primus-Bauprogramm nach oben hin zu erweitern. Aufgrund sich schnell verschlechternder Beziehungen zwischen Köhler und Titus entwickelte sich die Sache allerdings anders als geplant: Titus machte sich vom Miesbacher Stammwerk unabhängig und fertigte die fast völlig unveränderten Schlepper künftig als Titus-Traktoren. Dabei ging er zu noch schwereren Modellen über und fasste sogar den Plan, Raupenschlepper zu bauen. Äußerlich und im gesamten technischen Aufbau glichen sich die Titus- und Primus-Schlepper wie ein Ei dem anderen, die sehr viel selteneren Titus sind auch auf den zweiten Blick kaum von den Originalen zu unterscheiden. Nicht einmal die auffällige runde Blech-Plakette mit dem Namenschriftzug fehlte den Wormsern. Die genauen Einzelheiten dieses Aspektes der Primus-Markengeschichte sind noch ungeklärt. Fest steht, dass die Titus-Produktion früher endete als die der Primus.

Aus der frühesten Miesbacher Nachkriegsproduktion: Primus P 22 mit MWM KD 215 Z

Weihnachtsgeschenk 1949: die ersten zehn Primus mit eigenem Motor, Typ P 28 (links)**. Eine Rarität ist die Allzweck-Ausführung des Primus PD 3** (unten)

Zu Weihnachten 1949 waren die ersten zehn Primus mit dem eigenen Dreizylinder-Vorkammermotor 3 D 120 (100 x 120 mm, 2827 ccm, 28 PS bei 1599 U/min) verkauft. Der als P 28 bezeichnete Schlepper verfügte über ein ZF-Getriebe (5 V/1 R), seine Höchstgeschwindigkeit betrug 25km/h! Er war 2 990 mm lang (Radstand 1 820 mm) und wog 1 800 kg, besaß Zapfwelle und Differentialsperre und kostete 9 850 DM. Dieser Schlepper war ohne Frage ein Meisterstück. Ein Jahr darauf folgte der Zweizylinder 2 D 120 (1900 ccm, 18 bis 20 PS bei 1500 U/min), Typenbezeichnung des Schleppers zunächst P 18. Sein Fünfganggetriebe stammte von Hurth, er war bei einem Radstand von 1 650 mm 2 700 mm lang und wog 1 550 kg. Bis zur Bereifung 10-24 waren vielfache Varianten möglich. Als Sonderzubehör wurde erstmalig ein hydraulischer Kraftheber angeboten. Die Leistung des Dreizylinders wurde bald auf 30, später auf 36 PS angehoben, der Schlepper hieß nun PD 3. Der Zweizylinder erfuhr eine Leistungserhöhung auf 24 PS bei 1800 U/min und hieß nun PD 2. 1951 standen beide auf der DLG-Ausstellung in Hamburg. Wie der P 22 der Vorkriegszeit verkörperten sie den perfekten Bauernschlepper der fünfziger Jahre. Primus war ständig mit finanziellen Problemen konfrontiert. 1955 musste erstmals ein Vergleich mit den Gläubigern, vor allem den Zulieferern, geschlossen werden.

Ritscher

Karl Ritscher hatte schon 1924 mit dem Bau leichter Raupenschlepper nach amerikanischem Vorbild begonnen, 1936 wurden die ersten Dreirad-Konstruktionen vorgestellt. Da die Fabrikanlage in Hamburg-Moorburg schon 1942 durch Bombenangriffe völlig zerstört wurden, dauerte es einige Jahre, ehe die Produktion wieder aufgenommen werden konnte. 1949 wurden der Dreiradschlepper 320 mit MWM-Motor (KD 215 Z, 100 x 150 mm, 2 355 ccm, 22 bis 24 PS bei 1500 U/min) und Vierganggetriebe sowie, erstmalig, ein Vierradschlepper, der Typ 420 mit gleichem Antriebsstrang, eingeführt. Die Bereifung des 420 war 5.50-16 bzw. 9.00-24, er war 2 730 mm lang (Radstand 1 735 mm) und wog 1 550 kg.

Die Zeit der Dreiradschlepper ging jedoch zu Ende. Eine völlig neue Schleppergeneration mit den Modellen 415, 518, 525 und 540 wurde vorgestellt, die sowohl in schneller Folge noch weiterentwickelt als auch durch weitere Modelle wie den Kleinschlepper 412 ergänzt wurde. Bis auf wenige Exemplare, die übergangsweise mit einem Einzylinder-Dieselmotor von Bauscher (18 PS) ausgerüstet wurden, war man jetzt zu MWM-Motoren übergegangen. Nach wie vor stammten die Vierganggetriebe aus eigener Fertigung, nur das Fünfganggetriebe, das es auf Wunsch gab, stammte von ZF. Der 525 (ab 1951 hieß er 528) wurde zum meistgebauten Schlepper in der Geschichte des Unternehmens. Er besaß den Wirbelkammermotor KDW 415 mit gleichen Abmessungen, jedoch 25 (28) PS und ein neues Ritscher-Fünfganggetriebe, F&S Einscheibenkupplung, Zapfwelle, Riemenscheibe, Differentialsperre, Einzelrad-Lenkbremsen und eine mit doppelten Blattfedern versehene Vorderachse. Die Bereifung war 5.50-16 vorn, 10-28 hinten, die Länge 2 650 mm (Radstand 1 750 mm), das Eigengewicht 1 550 (1 580) kg. Mähwerk, Seilwinde und Fahrerhaus waren Sonderausstattung. Wichtiger noch war vielleicht das ölhydraulische Hebegetriebe, eine Eigenentwicklung für eine komplette Reihe von Anbaugeräten.

Auf drei Rädern: Ritscher 320 von 1949 mit MWM KD 215 Z, 24 PS

Ab 1950 gab es den 525/528: Ritschers meist gebauter Schlepper (links). **1951 erschien das Flagschiff, der Ritscher 540** (unten)

Der schwerste Ritscher dieser Epoche war der Typ 540, der seine 40 PS aus dem MWM-Motor KDW 415 D (3533 ccm) bezog. Auch er besaß das Ritscher-Fünfganggetriebe, natürlich auch Zapfwelle, Differentialsperre und Riemenscheibe sowie die Möglichkeit der Ausrüstung mit mechanischem oder ölhydraulischem Kraftheber. Die Vorderachse war einzelradgefedert. Der Ritscher 540 ist auch durch seine formale Gestaltung auffällig: bei ausgewogenen Proportionen stand ihm die relativ große Bereifung 6.50-20 bzw. 13-30 und die hohe Bodenfreiheit von 460 mm unter der Schleppermitte gut zu Gesicht. Er war 3 000 mm lang und wog 2 220 kg.

Der Schlüter DS U 25 (oben) **, wurde von 1945 bis 1948 gebaut. Der 25 BR** (links) **arbeitet mit Mähbinder auf dem Schlüterhof**

Sendling

Im Jahr 1909 hatte die zehn Jahre zuvor gegründete Motorenfabrik München-Sendling den ersten deutschen Ackerschlepper vorgestellt, der über das Prototypen-Stadium hinausgelangte. In den dreißiger Jahren entstanden mehrere Bauernschlepper der 20 PS-Klasse in Rahmen- bzw. Blockbauweise, deren Stückzahlen insgesamt gering blieben.

Nach dem Krieg dauerte es bis 1950, ehe erneut ein Anlauf zur Produktion eines kompletten Schleppers unternommen wurde. Bei dem Bauernschlepper AS 7 war der Einzylinder-Wirbelkammermotor (105 x 105 mm, 1250 ccm, 15 PS bei 1500 U/min) mit einem ZA-Getriebe (5 V/1 R) verblockt. Die Einscheiben-Trockenkupplung war im Schwundgrad eingebaut. Wahlweise gab es Glühanlasszündung oder Handanlassung mit Lunten und Kurbel.

Im Getriebe waren Mähwerks-, Riemenscheiben- und Zapfwellenantriebe untergebracht. Die Fußbremse war als Einzelrad-Lenkbremse ausgebildet, die Handbremse wirkte auf das Getriebe. Der Schlepper hatte die Bereifung 5.00-16 bzw. 8.00-20, war 2 320 mm lang (Radstand 1 520 mm), wog 1 250 kg und zog eine Anhängelast von zehn Tonnen bei der Höchstgeschwindigkeit von 20 km/h auf ebener Straße. Es kam jedoch zu keinen nennenswerten Stückzahlen bzw. Verkaufserfolgen, so dass Sendling die Schlepperproduktion bald endgültig einstellte.

Dem Sendling Bauern-Schlepper AS 7 mit Einzylinder-Wirbelkammermotor, der 1950 erschien, war kein Erfolg beschert

Der luftgekühlte Allzweck-Dieselschlepper Stihl 140, 14 PS

Stihl

Die von Andreas Stihl 1926 in Bad Canstatt gegründete Fabrik spezialisierte sich von Beginn an auf den Bau von Motorsägen, in dem sie bis heute eine führende Rolle spielt. Die nach dem zweiten Weltkrieg einsetzende Motorisierungs- und Mechanisierungswelle in der Landwirtschaft ließ das Unternehmen sich dem Schlepperbau zuwenden. Für die kleinbäuerlichen Betriebe Südwestdeutschlands sollte ein Traktor gebaut werden, der die Vollmotorisierung dieser Wirtschaften ermöglichte. Und man wollte es gut machen. Gut machen hieß: es musste alles aus einer Hand, und zwar aus der eigenen, kommen.

1948 wurde der Allzweck-Bauernschlepper 140 vorgestellt, der sich in Bauart und geringem Gewicht von allen anderen Konkurrenten ganz beträchtlich unterschied. Ein Stahlrohr verband Motor und Getriebe. Der Motor befand sich vor der Vorderachse, seine Kraft wurde durch eine lange Kardanwelle auf das eigenentwickelte Getriebe (3 V/1 R) und die Antriebsachse übertragen. Auch der luftgekühlte Einzylinder-Zweitakt-Dieselmotor vom Typ 131 A war eine Eigenkonstruktion. Er hatte die Abmessung 90 x 120 mm, 763 ccm und leistete 12 PS bei 2000 U/min. Ein wenig akademisch, gleichwohl interessant, ist die Frage, ob nicht die Firma Stihl den ersten luftgekühlten Schlepper gebaut hat, entgegen der allgemein als erwiesen geltenden Annahme, dass dies bei Eicher der Fall gewesen sei.

Das Konzept des Stihl-Schleppers war durchaus stimmig, nur die für seine Umsetzung erforderlichen Bedingungen waren es nicht. Darüber hinaus wurde der Motor als geradezu entnervend laut empfunden: ein schweres Handicap! Über die Leichtbauweise wurde ein heftiger Expertenstreit ausgetragen. Der Stihl 140 wog nur 740 kg. Er war 2600 mm lang, sein Radstand betrug 1400 mm. Die Zugkraft war gering, die Neigung zum Aufbäumen und der Schlupf der Hinterräder waren groß. Fortschrittlich war 1948 die elektrische Anlage mit 12 Volt.

Die DLG verlieh dem Schlepper 1953 die Bronze-Preismünze, eine Anerkennung der in ihm steckenden Summe konstruktiver Überlegungen, die dem Tragschlepper der fünfziger Jahre um Längen voraus war. Dennoch wurden 1950 nur 120 Exemplare verkauft.

Sulzer

Der gelernte Wagenbauer Ignaz Sulzer begann bereits um 1936 Verdampfermotoren für die Bauern in der unmittelbaren Umgebung Augsburgs zu bauen, jedoch blieben diese ersten Schritte ebenso wie die folgenden Trecker in Blockbauweise mit Deutz F2M414 und Prometheus-Getriebe ohne weiterreichende Folgen. Es dauerte noch über 15 Jahre, ehe Sulzer als Traktorenhersteller wirklich eine Rolle zu spielen begann. Auf dem ersten Zentral-Landwirtschaftsfest in München, 1950, sah man auf seinem Ausstellungsstand zwei Schlepper, die noch auf den Vorkriegstypen beruhten. 1952 jedoch setzte eine Entwicklung ein, die in gewisser Weise ohne Beispiel in der Geschichte des Schlepperbaus ist. Sulzer wurde der typischste aller Schlepper-Konfektionäre. Die in nur 10 Jahren erreichte Typenvielfalt (die man, ohne ungerecht zu sein, durchaus auch als Typenwirrwarr bezeichnen kann) brachte es auf 20 verschiedene Modelle! Immerhin waren zu diesem Zeitpunkt bereits alle namhaften Hersteller wie Deutz, Hanomag und Lanz sowie viele, die in den ersten Jahren nach dem Krieg namhaft geworden waren wie Allgaier, Eicher, Fendt u.a. mit kompletten Baureihen auf dem Markt.

Ignaz Sulzer kaufte wirklich alles, was von einschlägigen Zulieferern zu beziehen war. Motoren, Getriebe, Kühler, Achsen, Lenkungen, Räder, Blechteile usw., nichts wurde selbst hergestellt. Ein typischer Sulzer dieser Epoche war der Bauernschlepper S 15 (Motor MWM KDW 414 E, 15 PS, Renk-Getriebe ZA SG 14-5). Es gab diesen Typ jedoch auch mit dem Deutz-Motor F1L514 und mit dem Hurth-Getriebe G 85, was zu einem anderen Radstand (und damit zu einem beträchtlich anderen Schlepper) führte. Nur – auch der war ein S 15.

Motorhauben sind ein weiteres Beispiel für den Umgang Sulzers mit Zulieferteilen: ein Hersteller, der sie für die Marke Gutbrod anfertigte, konnte gleich noch einige mehr bauen und sie an Sulzer verkaufen. Daran, dass die Schlepper dadurch leicht verwechselt werden konnten, störte sich niemand. Diese Beliebigkeit, die ja nicht besagt, dass die Sulzer-Traktoren nichts taugten, ging so weit, dass man es einigen Händlern überließ, ihren eigenen Namen an Stelle des Herstellernamens Sulzer am Schlepper anzubringen!

Sulzer war ein typischer Schlepper-„Konfektionist“, er kaufte alles, was von einschlägigen Zulieferern zu beziehen war. Hier Sulzers Erfolgsschlepper S 22 L

Zanker

Einer der ungezählten Anbieter, die den Traktor-Boom der ersten Nachkriegsjahre auszunutzen und eine Erweiterung der bisherigen Produktpalette zu erreichen trachteten, war der renommierte und bis weit in die siebziger Jahre zu den Branchenführern zählende Hersteller von Haushaltsgeräten, vor allem Waschmaschinen, die Tübinger Firma Zanker. Dabei wollte dieses Unternehmen durchaus mehr, als nur einen der vielen Konfektionsschlepper mit zusammengekauften und -montierten Teilen zu bauen.

Auf einer regionalen Ausstellung des Jahre 1949 stellte man einen leichten Bauernschlepper aus, der große Aufmerksamkeit, ja, Aufsehen erregte. In der Tat gehörte er, wenn auch heute fast völlig vergessen und nur wirklichen Insidern bekannt, zu den bemerkenswertesten Neukonstruktionen eines Ackerschleppers nach 1945. Zanker hatte den Aufwand nicht gescheut, einen eigenen Motor zu entwickeln: einen Einzylinder-Zweitakt-Diesel mit Direkteinspritzung und Umkehrspülung (100 x 130 mm, 1020 ccm, 12 bis 15 PS bei 1250 bis 1500 U/min). Der Motor konnte ohne Zündhilfe und Vorglühen gestartet werden. Er war mit dem Getriebe, ebenfalls eine Zanker-Konstruktion mit vier Vorwärtsgängen und einem Rückwärtsgang, in rahmenloser Blockbauweise verflanscht. Das Getriebe war gut gestuft (3,2; 5,7; 9,8 und 17,7 km/h), die maximale Zughakenkraft im 1. Gang betrug 840 kg – auch dies ein Wert, der sich in der Leistungsklasse sehen lassen konnte. Serienmäßig waren die gefederte Pendelvorderachse, Riemenscheibe, Zapfwelle und die 6-Volt-Lichtanalge. Der Zanker war 2 245 mm lang, sein Gewicht: 1 185 kg.

Die Entwicklungskosten für diesen Kleinschlepper waren beträchtlich gewesen, da man konsequent den Zukauf von Teilen anderer Hersteller vermeiden wollte. Deshalb konnte der Schlepper kein Billigangebot sein. Dies wiederum führte zu enttäuschenden Absatzzahlen: ganze acht Schlepper im ersten Jahr, nicht mehr als 100 im Jahr 1950 waren es insgesamt. Die Folge war das schnelle Ende des Schlepperbaus bei Zanker. Das Fahrzeug, andessen gelungener Konstruktion es keinen Zweifel gab, wurde an die Firma Bautz abgetreten, die den kleinen Traktor in dieser Form noch bis 1951 weiter produzierte.

Zanker, eine Edelmarke für „Weiße Ware“, brachte 1949 einen Bauernschlepper auf den Markt, hier der Prototyp

1949 versuchte Zettelmeyer einen Neubeginn mit der modernisierten Ausführung des Ackerschleppers Z1 mit Deutz F2M414 mit 25 PS und eigenem Getriebe

Zettelmeyer

In dem von dem Heizer, Maschinisten und Maschinenführer auf Dampfwalzen-Zügen Hugo Zettelmeyer 1908 in Konz bei Trier gegründeten Unternehmen wurden ab 1934 auch Acker- und Straßenschlepper gebaut. Die Produktionszahlen waren nicht himmelsstürmend, sicherten aber dem mittelständischen Unternehmen einen festen Platz auch nach dem berühmt-berüchtigten „Schell-Plan“. 1942 setzte auch bei Zettelmeyer der Bau von Holzgas-Schleppern ein, bis es 1944 zu schweren Zerstörungen der Werksanlagen durch Luftangriffe kam. Erst 1949 konnte man mit einem neuen Z 1 die Produktion wieder aufnehmen. Eine modernisierte Motorhaube verkleidete den Deutz F2M414, dessen Leistung auf 25 PS angehoben war. Das Vierganggetriebe war wiederum Eigenbau. Der Schlepper verfügte serienmäßig über Einzelrad-Lenkbremsen und wahlweise auch über eine Seilwinde, die fast zu einem Zettelmeyer gehörte: man wollte damit an die Absatzerfolge der Vorkriegszeit in der Forstwirtschaft anknüpfen. Er hatte an Länge und Gewicht etwas zugelegt, 2 585 mm Länge bzw. 1 650 kg Eigengewicht waren nun die aktuellen Werte, die Bereifung 6.00-16 vorn bzw. 9.00-24 hinten. Die Verkaufszahlen waren jedoch hochgradig enttäuschend: 1950 reichte es gerade zu einem Anteil von 0,3 Prozent auf dem westdeutschen Schleppermarkt. Nachdem sich die Lage auch 1951 nicht änderte, wurde der Bau von Traktoren (wie übrigens auch der von Dampfwalzen) ein Jahr später endgültig eingestellt. Mit Baumaschinen (Dumpern, Radladern usw.) wurde die Firma am Leben erhalten.

Normag Holzgasschlepper mit Rabe-Wechselpflug

Wenn Sie an weitergehender Literatur zur Geschichte der deutschen Traktorenhersteller interessiert sind, sei Ihnen das nebenstehend abgebildete Buch von Michael Bach empfohlen, in dem 58 Marken vorgestellt werden.

Ausflüge in Norddeutschland

von Michael Bach

Reisen bildet. In Beherzigung dieser alten Erkenntnis empfiehlt es sich immer, den einschlägigen Museen regelmäßige Besuche abzustatten. Diesmal sollen zwei solcher Einrichtungen in Norddeutschland vorgestellt werden.

Vor den Toren der Stadt Braunschweig, in Watenbüttel, liegt das Landtechnik-Museum Gut Steinhof, das seit 1984 von einem Förderkreis erhalten wird. Man zeigt hier, wie sich die Landwirtschaft durch den Einzug der Technik in der Epoche vom späten 19. bis in die zweite Hälfte des 20. Jahrhunderts verändert hat. In diesem Zeitraum vollzog sich der Übergang von der Handarbeit und tierischer Anspannung zu Großgeräten und dem Einsatz von Dampfkraft und Verbrennungsmotor.

Die reichhaltige Sammlung des Museums ist nach Funktionsgruppen gegliedert, zum Beispiel Traktoren und Transport, Bodenbearbeitung, Sä- und Pflanztechnik, Erntetechnik und so weiter. In den historischen Hofgebäuden werden auf rund 1.400 m² Maschinen und Geräte gezeigt, die überwiegend betriebsbereit sind und bei den Veranstaltungen des Museums auch eingesetzt werden. So etwa bei der alljährlichen Saisoneröffnung im März, beim Dampf-Treffen am ersten Juni-Wochenende, bei der Kartoffelernte im September oder beim Erntedankfest mit Dampf-Dreschen. Dabei geht es den Museumsleuten nicht allein um das Vorzeigen der Maschinen: wichtig ist auch, dass die richtige Handhabung und die Arbeitsabläufe verschiedener Epochen beherrscht und an den Besucher weitervermittelt werden.

Schwerpunkt ist unter anderem die Geräteträger-Entwicklung. Hier findet man Meilensteine am Weg, etwa einen Lanz Alldog A 1205, einen Ruhrstahl oder mehrere Claas Huckepack und diverse Schmotzer-

Schmotzer Kombi

Die siebziger Jahre: Fendt Farmer 108 S ...

... mit Claas-Kreiselpflug

Der Haflinger tut es ihm gleich ...

... und erst recht der Eicher Mammut EA 600

Endlich in der Klinik: Lanz D 1506 …

… ex-GK, ex Holzgas und wieder GK

Kombi-Varianten. Hierzu zählen im Grunde auch die Tragschlepper der fünfziger Jahre oder, in der jüngsten Vergangenheit, der Deutz Intrac. Hervorzuheben: das Schnitt-Modell eines Hanomag R 12.

Unter den Schleppern ragen ein Hanomag AGR 38 heraus, dessen langes Arbeitsleben deutliche Spuren hinterlassen hat, und natürlich ein wohl einmaliger Bulldog. Der D 1506, Baujahr 1940, war damals gerade richtig eingefahren, als er tiefgreifende Umbauten über sich ergehen lassen mußte: er wurde auf Holzgas-Betrieb umgerüstet – und dies noch vor der Erfindung der Gas-Schleuse durch Anton Lentz. So unwahrscheinlich es klingt: der 55er, der in einem Sägewerk bei Salzgitter lief, hat diesen Betrieb nicht nur weitgehend schadlos überstanden, sondern auch noch den erneuten Umbau nach 1945, nämlich zurück zu Glühkopf-Motor und Diesel-Betrieb! Dabei wurde der Motor nie aufgemacht, gereinigt oder gar überholt. Dies geschieht erst jetzt, denn die Steinhofer wollen das gute Stück noch lange bei Laune halten. Erste Erfolge sind schon zu erkennen.

Der Saison-Start 2011 geriet allerdings tiefgefroren. Wenige Tage zuvor ging man noch kurzärmelig und begrüßte freudig erste Krokusse, am 26. März hingegen fror man sich wirklich beinahe kaputt. Aber es half nichts: „Im Märzen der Bauer …"

Also wurde angespannt und gepflügt in einer Weise, dass wenigstens Pferd und Motoren warm wurden. Mit dem Allgaier A 18, mit einem Eicher Mammut II Allrad (EA 600) oder mit einem Fendt Farmer 108 S vor dem technikgeschichtlich hochinteressanten Kreiselpflug von Claas! Hier hatte man sich nach Übernahme der Firma Raussendorf, die in den fünfziger Jahren ein Patent auf dieses Verfahren erworben hatte, erst- und einmalig der Bodenbearbeitung zugewandt, allerdings mit wenig Erfolg. Ein schönes Gespann aus den 1970er Jahren.

Besucht das Museumsgut Steinhof, wenn Ihr in der Nähe seid, oder fahrt auch gezielt hin – es gibt wirklich etwas zu sehen! Die stets freundliche Museums-Mannschaft um den Vereinsvorsitzenden Heinrich Peters und die Familie Tomforde macht durch ihre kompetenten Führungen den Besuch zu einem echten Erlebnis.

Keine 100 km weiter nördlich, von Braunschweig immer die B 4 entlang, liegt das Museumsdorf Hösseringen, das Freilichtmuseum der Lüneburger Heide, im Landkreis Uelzen, unmittelbar am Landtagsplatz des alten Fürstentums Lüneburg. „Wald und Heide, Äcker und Gärten bestimmen die Landschaft des zehn Hektar großen Freilichtmuseums. Seit 1975 werden ländliche Bauten der Lüneburger Heide aus den letzten fünfhundert Jahren hierher umgesetzt und mit ihrer Einrichtung gezeigt. So ist ein historisches Heidedorf entstanden. Haustiere beleben sein Bild, bewirtschaftete Felder, Wiesen und Heideflächen umgeben es und vermitteln eine Vorstellung von der Heidebauernwirtschaft vergangener Zeiten. Wechselnde kulturgeschichtliche Ausstellungen und Veranstaltungen machen das Museum immer aufs Neue zu einem lohnenden Ausflugsziel." So sagt es ein kurzgefasster Führer durch das Museum – und kein Wort davon ist übertrieben oder gar unwahr.

Alle zwei Jahre öffnet sich dieser unvergleichliche Ort für ein Schlepper-Veteranentreffen, 2011 war es das achte seiner Art. Ackerschlepper, Zugmaschinen und stationäre Antriebsmaschinen aus der Zeit zwischen etwa 1900 und 1970 werden ausgestellt und teilweise vorgeführt, der Experte Michael Bruse stellt die Schlepper vor der herrlichen Kulisse eines großen Heidehofs vor und erläutert ihre Bedeutung im Zuge der Entwicklung der Landtechnik. Eine Lanz-Lokomobile aus der eigenen Sammlung treibt regelmäßig eine Dreschmaschine der Bevenser Maschinenfabrik an, es gibt ein Sägewerk mit Gattersäge, Buschhacker, Pferde-Göpel und vieles mehr. Und natürlich: Schlepper und Stationärmotoren vom Allerfeinsten. Eine Teilnahme ist nur möglich durch rechtzeitige Anmeldung, und es gibt eine Baujahrs-Begrenzung: zugelassen sind Schlepper bis Baujahr 1965. Spaßtrecker mit obskuren Fahnen und Wimpeln, „Durstlösch-Anlagen" und ähnlichem Zubehör sind nicht erwünscht.

Leider war dieses Jahr die traumhafte Kastanien-

Empfang hinterm Hoftor: 22/28er Bulldog, Normag NG 22 und viele andere …

Allgaier A 18 lässt die Muskeln spielen

Hanomag AR 38 von Jürgen Scharnhop

Der Motor Nr. 2 von Balduin Bechstein, Altenburg/S.-A.

Berliner Gene: Deuliewag D 30 mit Zweizylinder-Güldner 2 F

und Fliederblüte schon durch. Dafür hatten die Museumsleute um Günter Reimers einige ihrer eigenen Schlepper-Raritäten, die sonst nur unter den Scheunendächern zu sehen sind, nach draußen gestellt: einen Eicher G 19 Kombi, also den Geräteträger der ersten Generation dieses Herstellers, daneben einen ebenso seltenen Fahr GT 130 oder auch einen Alldog A 1215, Normag NG 22 und, aus dem nicht allzuweit entfernten Hamburg-Bergedorf, einen Nordtrak Stier 18 mit dem 16 PS Hatz-Diesel. Alle diese Maschinen sind, museumstypisch, in den Zustand „as found" belassen worden und tragen die Spuren der Nutzung und Abnutzung bis zum Ende ihres „Berufslebens", das oft genug in den Brennesseln hinter dem Hof endete. Ein Heimspiel haben in Hösseringen stets die Ritscher-Freunde, die auch diesmal wieder eine fast komplette Reihe der Schlepper aus Sprötze präsentierten.

Ständiger Gast ist die Einachsige Interessengemeinschaft Nutzfahrzeug-Sammler (E.I.N.S.), die sich um die Erhaltung von Einachs- und Schmalspurschleppern, Motorhacken und -fräsen und so weiter aller Fabrikate bemüht und deren technikgeschichtlichen Beitrag für Landwirtschaft und Gartenbau eindrucksvoll verdeutlicht.

Das Museumsdorf ist zwar immer gut mit Maschinen gefüllt, aber es ist nie zu eng. Authentizität lautet in Hösseringen der Auftrag – und er wird erfüllt. Gleich hinter dem Eingangsgebäude öffnet sich ein weiter Hof, der diesmal eine beeindruckende Reihe von Schleppern verschiedener Marken aus den zwanziger und dreißiger Jahren sowie einige herrlich restaurierte Stationärmotoren aufnahm.

Die nächste reguläre Veranstaltung wird es also im Jahr 2013 geben. Aber dazwischen liegt 2012 mit einem Ausnahme-Ereignis, für das intensive Vorbereitungen schon jetzt laufen. Es geht um nichts Geringeres als ein „Erstes gemeinsames Oldtimer-Traktoren-Treffen Norddeutscher Vereine und Museen" am 3. Juni 2012. Mit dabei sollen sein: Die Selbstzünder – Freunde alter Nutzfahrzeuge in Niedersachsen e. V., Oldtimer Frünn Lütt Meckels un üm to e. V., Lanz-Bulldog-Club Oyten-Backsberg e. V., Oldtimer Freunde Schwarmstedt e. V., Freilichtmuseum Am Kiekeberg, Museumsdorf Hösseringen e. V., Ritscher-Freunde Sprötze und die Oldtimer Freunde Wistedt. Weitere Interessierte sind herzlich eingeladen und hochwillkommen, Kontakt über info@museumsdorf-hoesseringen.de oder telefonisch unter 05851-1850.

Soviel sei verraten: mit hochkarätiger historischer Landtechnik darf gerechnet werden, die nichts mit der gesetzlichen Regelung (30 Jahre) für das sogenannte H-Kennzeichen zu tun haben wird! Nach den Veranstaltungen Hannoversch-Münden mit zum Teil sensationellen Raritäten, dem Historischen Feldtag in Nordhorn mit dem WD-Tragpflug, dem Treffen des Bulldog-Clubs Südharz in Sundhausen mit einer nahezu lückenlosen Lanz-Typologie im vergangenen und dem Historischen Pflügen in Jeinsen bei Hildesheim in diesem Jahr scheint es endlich begründete Hoffnung zu geben für mehr Veranstaltungen mit echten Raritäten aus der Technik-Historie, die zum Teil bis in die Anfangszeit der Motorisierung und Mechanisierung der Landwirtschaft zurückreichen. Der Autor wird die Entwicklung beobachten und darüber berichten.

Aus dem Museum: O& K T 18 A mit Buschacker

Nordtrak mit Zweitakt-Hatz-Dieselmotor

Fahr Geräteträger GT 130

Not macht erfinderisch: Heck-Hydraulik am 11er Deutz

Aus dem kleinen Reingas-Bulldog D 7006 wurde erst ein 25er GK-, dann ein 28 PS-Halbdiesel-Bulldog

Ritscher-Galerie im Brümmer-Hof

Rechts ein seltener F1L514 in Hochrad-Ausführung

Einachs-Power: Monax mit Sachs-Diesel

Einmalig ist die Kulisse in Hösseringen, hier ein MAN AS 325

Aus Richard Glinkemanns Sammlung: 38 PS Eil-Bulldog D 9531, Alldog A 1315

Deutz Halbdiesel D 2216

Weitere Bücher unseres Verlages

Fordern Sie unser Gesamtverzeichnis an mit Büchern über **Autos**, **Motorräder**, **Lastwagen**, **Traktoren**, **Feuerwehrfahrzeuge**, **Baumaschinen** und **Lokomotiven**:

Verlag Podszun Motorbücher GmbH
Elisabethstraße 23-25, 59929 Brilon
Telefon 02961-53213, Fax 02961-9639900
Email info@podszun-verlag.de
www.podszun-verlag.de

Die berühmten Klassiker, aber auch Prototypen und „Eintagsfliegen" der Einachsschlepper.

144 Seiten, 280 Abbildungen
24 x 17 cm, Leinenbroschur
Bestellnummer **566** EUR **14,90**

Eine lückenlose Typologie der in der DDR gebauten Traktoren mit bisher unveröffentlichten Bildern.

136 Seiten, 310 Abbildungen
28 x 21 cm, fester Einband
Bestellnummer **348** EUR **19,90**

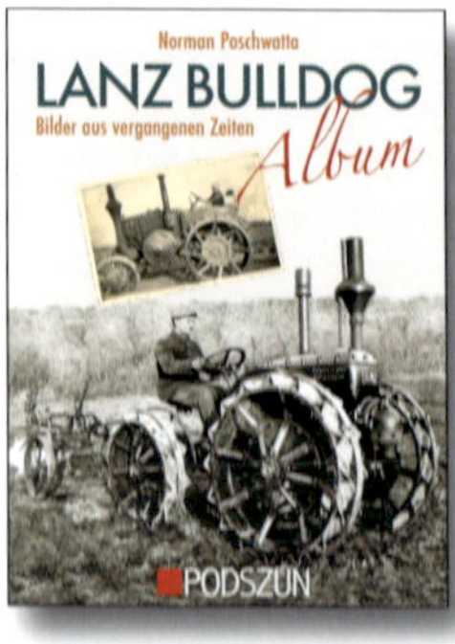

Einzigartige, bisher nicht veröffentlichte Fotografien aus den besten Jahren des Lanz Bulldog.

168 Seiten, 480 Abbildungen
28 x 21 cm, fester Einband
Bestellnummer **479** EUR **24,90**

Die spannendsten Unimog- und MB-trac Exoten von den Anfängen (1950er Jahre) bis heute.

176 Seiten, 480 Abbildungen
28 x 21 cm, fester Einband
Bestellnummer **613** EUR **29,90**

Band 2: Fiatagri (Laverda), Fortschritt (MDW), International (Case IHC), John Deere, Ködel & Böhm

160 Seiten, 333 Abbildungen
28 x 21 cm, fester Einband
Bestellnummer **406** EUR **24,90**

Band 3: Lanz, Massey Ferguson, Mengele, New Holland (Ford), Sampo Rosenlew u.a.

144 Seiten, 325 Abbildungen
28 x 21 cm, fester Einband
Bestellnummer **407** EUR **24,90**

Udo Bols zeigt und erklärt, welch wichtige Rolle die Pferde in der Land- und Forstwirtschaft spielten.

156 Seiten, 470 Abbildungen
28 x 21 cm, fester Einband
Bestellnummer **590** EUR **29,90**

Der Autor zeigt und erläutert alle Traktortypen von Eicher im Einsatz in der Landwirtschaft.

144 Seiten, 360 Abbildungen
28 x 21 cm, fester Einband
Bestellnummer **535** EUR **24,90**

Oliver Aust war jahrelang unterwegs, um die gesamte Vielfalt der IHC/Case Traktoren darzustellen.

172 Seiten, 390 Abbildungen
28 x 21 cm, fester Einband
Bestellnummer **614** EUR **24,90**

Alle wichtigen deutschen Traktoren von den Anfängen bis heute in chronologischer Folge.

144 Seiten, 415 Abbildungen
28 x 21 cm, fester Einband
Bestellnummer **316** EUR **19,90**

Porsche, Kirovetz, Hanomag WD-Radschlepper, Allrad-Frontsitz, Fendt Xylon u.a.

144 Seiten, 290Abbildungen
17 x 24 cm, Leinenbroschur
Bestellnummer **525** EUR **14,90**

Der Kohlen-Kuli, Fahrzeugbau Ewers in Meschede, Spedition Keiper aus Frankfurt u.a.

144 Seiten, 280Abbildungen
17 x 24 cm, Leinenbroschur
Bestellnummer **568** EUR **14,90**

MB-trac turbo 900, Unimog-vertretung Bleses aus Köln, Unimog-Programm 1996 u.a.

144 Seiten, 285 Abbildungen
17 x 24 cm, Leinenbroschur
Bestellnummer **572** EUR **14,90**

Die ersten MB-trac, Generalvertretung Schelling, Aufbauten von Empl, Holzmog u.a.

144 Seiten, 280 Abbildungen
17 x 24 cm, Leinenbroschur
Bestellnummer **609** EUR **14,90**

Neuauflage dieses Klassikers mit allen Typen dieser berühmten Marke im Einsatz.

174 Seiten, 370 Abbildungen
28 x 21 cm, fester Einband
Bestellnummer **380** EUR **29,90**

Umfassende Darstellung der vielfältigen Anbaugeräte für Traktoren in früherer Zeit.

152 Seiten, 550 Abbildungen
28 x 21 cm, fester Einband
Bestellnummer **441** EUR **29,90**

Eine Neuauflage der umfassenden Chronik aller in Deutschland gebauten Traktoren von IHC.

182 Seiten, 390 Abbildungen
28 x 21 cm, fester Einband
Bestellnummer **356** EUR **29,90**

Prospekte und Bilder von der am längsten und erfolgreichsten produzierten Traktorreihe.

144 Seiten, viele Abbildungen
28 x 21 cm, fester Einband
Bestellnummer **511** EUR **24,90**

Holder-Chronik von 1888 bis 2000 mit zahlreichen Originalfotos aus dem Holder-Archiv.

144 Seiten, 340 Abbildungen
28 x 21 cm, fester Einband
Bestellnummer **326** EUR **24,90**

Alle deutschen Holzgastraktoren kenntnisreich erklärt, mit vielen Abbildungen und techn. Daten.

176 Seiten, 360 Abbildungen
28 x 21 cm, fester Einband
Bestellnummer **417** EUR **29,90**

Die Geschichte des Milchtransports vom Handkarren bis zu den modernen Tankfahrzeugen.

144 Seiten, 380 Abbildungen
28 x 21 cm, fester Einband
Bestellnummer **562** EUR **24,90**

Die seltensten Original-Prospekte, auch von MB-trac-Aufbauherstellern.

144 Seiten, viele Abbildungen
28 x 21 cm, fester Einband
Bestellnummer **563** EUR **24,90**

NEW HOLLAND
NEW HOLLAND